Im gleichen Verlage erschien:

Die forstlichen Verhältnisse Preußens.

Von

Otto von Hagen,
w. Oberlandforstmeister.

Dritte Auflage, bearbeitet nach amtlichem Material

von

K. Donner,
Oberlandforstmeister und Ministerialdirektor.

In zwei Bänden.

Preis M. 20,—; in 1 Leinwandband geb. M. 21,50; in 2 Leinwandbände geb. M. 22,50.

Amtliche Mitteilungen

aus der

Abteilung für Forsten

des

Königlich Preußischen Ministeriums für Landwirtschaft,
Domänen und Forsten.

1907.

Springer-Verlag Berlin Heidelberg GmbH 1909

ISBN 978-3-662-38684-2   ISBN 978-3-662-39558-5 (eBook)
DOI 10.1007/978-3-662-39558-5

Vorbemerkung.

Die Tabellen schließen sich an die in der dritten Auflage des Werkes

„von Hagen, die forstlichen Verhältnisse Preußens"

bearbeitet von Donner, veröffentlichten statistischen Tabellen und die weiteren amtlichen Mitteilungen an. Sie haben deshalb dieselben Zahlen erhalten wie die Tabellen dieses Werkes.

Inhalts-Verzeichnis.

Statistische Tabellen.

		Seite
7 b.	Übersicht über die Holz-Ein- und Ausfuhr für das deutsche Zollgebiet, umfassend die Jahre 1901 bis 1906	2
8 b.	Übersicht über die durchschnittlichen Verwertungspreise für ein Festmeter Holz im Etatsjahre 1907	8
9 c.	Übersicht über die durchschnittlichen Verwertungspreise einzelner Holzarten im Etatsjahre 1907	10
11 b.	Zusammenstellung der im ganzen Staate ausgegebenen Jagdscheine im Etatsjahre 1907	14
18 b.	Zusammenstellung der in den Staatsforsten beim Forst- und Jagdschutze vorgekommenen Tötungen und Verwundungen während der Jahre 1903 bis 1907	14
19 b.	Übersicht über die Forst-, Jagd- und Fischereifrevel in den Staatsforsten im Kalenderjahr 1907	15
20.	Nachweisung der in den Rechnungsjahren 1903 bis 1907 aufgekommenen Kapitalien für Veräußerung von Domänen- und Forstgrundstücken und für Ablösung von Domänen und Forstgefällen	16
27 a.	Summarische, nach alten und neuen Provinzen getrennte Übersicht über den Fortgang der Forstservitut- usw. Ablösungen in den Staatsforsten für die Jahre 1903 bis 1907	16
27 b.	Übersicht über den Fortgang der Forstservitut- usw. Ablösungen in den einzelnen Regierungsbezirken während des Jahres 1907	16
27 c.	Zusammenstellung der an die Provinzial-Rentenbanken gezahlten Amortisationsrenten für abgelöste Leistungen der Forstverwaltung an Kirchen, Pfarren, Küstereien, sonstige geistliche Institute, fromme und milde Stiftungen, Wohltätigkeitsanstalten usw. für die Etatsjahre 1904 bis 1907	17
33 a.	Nachweisung des jährlichen Bedarfes an Kiefernsamen in den Staatsforsten und der auf den Königlichen Darren gewonnenen Samenmengen für die Jahre 1903 bis 1907	17
34 a.	Übersicht über die Erträge aus der Jagd bei der Staatsforstverwaltung für das Etatsjahr 1907	18
37 c.	Übersicht über den Holzmassenertrag der Staatsforsten der einzelnen Regierungsbezirke für das Wirtschaftsjahr 1. Oktober 1906/1907	20
38 b.	Übersicht des Materialertrages und des Sortimentsverhältnisses in den Staatsforsten für die Zeit vom 1. Oktober 1902 bis 1. Oktober 1907	22
42.	Zusammenstellung der in den Etatsjahren 1904 bis 1907 in den preußischen Staatsforsten verwerteten Eichenrinde	23
43 b.	Übersicht von dem Flächeninhalte der Staatsforsten und von den Erträgen für das Etatsjahr 1907	24
45 a.	Übersicht des Ertrages aus der Holznutzung in den einzelnen Regierungsbezirken für das Hektar der zur Holzzucht bestimmten Fläche für die Etatsjahre 1904 bis 1907	26

		Seite
45 b.	Zusammenstellung der Einnahmen für Holz aus den Staatsforsten nach den einzelnen Bezirken im Etatsjahre 1907	27
46 b.	Haupt-Übersicht der Ist-Einnahmen und Ausgaben der Staatsforstverwaltung für das Etatsjahr 1907	28
46 c.	Übersicht über die Einnahmen und Ausgaben der Staatsforsten im Etatsjahre 1907	36
46 d.	Nachweisung der Reinerträge der Staatsforsten für das Etatsjahr 1907	38
47.	Vergleichung der Einnahmen und Ausgaben für größere Torfgrabereien der Staatsforstverwaltung während der Jahre 1904 bis 1907	40
49.	Übersicht über die auf 1 ha der nutzbaren Fläche entfallenden dauernden Ausgabebeträge der Staatsforstverwaltung für die Etatsjahre 1903 bis 1907	40
52 a.	Nachweisung der während des Jahres 1908 vorgekommenen erheblicheren Brände in den Staatswaldungen und der hierdurch vernichteten Holzbestände	40
54 b.	Vergleichung des Flächeninhalts, sowie des Holzeinschlags, der Einnahme, der Ausgabe und des Reinertrages in den Jahren 1903 bis 1907 mit den Ergebnissen des Jahres 1868, letztere gleich 100 gerechnet, für die Staatsforsten	41
56 b. c.	Nachweisung über die Zahl der Studierenden auf den Forstakademien zu Eberswalde und Münden für das Sommer-Halbjahr 1908 und Winter-Halbjahr 1908/09	41
58.	Übersicht über die verausgabten Kultur- und Kommunikationswegebaugelder für das Etatsjahr 1907	42
59.	Nachweisung der von der Staatsforstverwaltung beschäftigten Arbeiter, der gezahlten Löhne usw., sowie der Erkrankungen und Betriebsunfälle der Arbeiter im Etatsjahre 1907	46
60.	Nachweisung über die aus dem Forstbaufonds zu unterhaltenden Gebäude nach dem Stande vom 30. September 1908	48

Statistische Tabellen.

Tabelle

Übersicht über die Holz-Ein- und Ausfuhr für das

Die stehenden Zahlen bezeichnen die

Jahr	Brennholz, Lohkuchen, Reisig, Dachrohr, Schilf, roh, ungespalten (bis einschl. 1904 auch Reisigbesen usw.)	Überschuß der Einfuhr über die Ausfuhr (Spalte 2)	Schleifholz und Holz zur Zellstoffabrikation	Überschuß der Einfuhr über die Ausfuhr (Spalte 4)	Holzkohlen	Überschuß der Einfuhr über die Ausfuhr (Spalte 6)	Holzborke und Gerberlohe
1.	2.	3.	4.	5.	6.	7.	8.
	frei		frei		frei		für 100 kg 0,50 M.; bei den meistbegünstigten Staaten 0,00 M.
1902	1 670 851	367 797	1 731 488	1 375 746	230 976	132 883	1 012 707
	1 303 054	.	*355 742*	.	*98 093*	.	*30 698*
1903	1 408 892	138 508	2 200 424	1 938 894	169 872	75 391	1 037 571
	1 270 384	.	*261 530*	.	*94 481*	.	*40 498*
1904	1 645 518	485 636	3 027 793	2 644 175	151 281	59 205	1 054 451
	1 159 882	.	*383 618*	.	*92 076*	.	*52 106*
1905	1 519 855	438 304	3 896 188	3 540 127	177 873	96 185	1 140 299
	1 081 551	.	*356 061*	.	*81 688*	.	*50 687*
1906 Januar Februar	222 512	53 059	437 137	369 472	26 760	10 482	179 529
	169 453	.	*67 665*	.	*16 278*	.	*4 651*

Jahr	nach der Längsachse beschlagen		Holzmehl, Holzwolle	Faßdauben, ungefärbte, auch zu Dauben vorgearbeitete Hölzer (sog. Stäbe, Stabholz) nicht aus Eichenholz	Korbweiden und Reifenstäbe, ungeschält; Faschinen	Nutzholz von Buchsbaum, Kokos, Ebenholz, Mahagoni, roh usw.	gesägt; Kanthölzer und andere Säge- und Schnittwaren	
	hartes; Naben, Felgen, Speichen	weiches					hartes	weiches
16.	17.	18.	19.	20.	21.	22.	23.
	für 100 kg 0,40 M.; bei den meistbegünstigten Staaten 0,30 M.					für 100 kg 0,10 M.	für 100 kg 1 M; bei den meistbegünstigten Staaten 0,80 M.	
1902	481 274	3 988 811	14 011	83 965	27 218	397 165	1 076 840	13 399 636
	48 645	*37 581*	*12 337*	*36 926*	*9 347*	*10 481*	*384 964*	*1 081 895*
1903	509 487	4 718 907	17 772	79 201	18 751	328 367	918 241	16 377 041
	42 636	*54 636*	*25 560*	*54 574*	*6 849*	*9 565*	*299 360*	*1 374 142*
1904	455 882	4 535 106	13 772	48 445	10 819	433 399	977 686	16 860 434
	68 990	*31 916*	*33 770*	*44 343*	*16 494*	*12 226*	*370 195*	*1 077 857*
1905	456 868	4 660 699	14 749	40 654	24 703	396 019	1 031 873	17 386 884
	49 445	*56 265*	*46 345*	*42 022*	*10 826*	*12 324*	*337 942*	*909 122*
1906 Januar Februar	213 168	777 412	3 097	6 334	6 940	232 008	247 394	2 698 114
	9 258	*8 532*	*12 033*	*8 891*	*3 270*	*1 444*	*56 625*	*60 280*

7 b.

deutsche Zollgebiet für die Jahre 1902—1906.

Einfuhr, die schrägen die Ausfuhr.

Überschuß der Einfuhr über die Ausfuhr (Spalte 8)	Quebrachoholz, zerkleinert (das unzerkleinerte Holz ist außer acht gelassen)	Überschuß der Ausfuhr über die Einfuhr (Spalte 10)	Bau- und Nutzholz				
			roh oder nur in der Querrichtung mit Axt oder Säge bearbeitet		Faßdauben, ungefärbte, auch zu Dauben vorgearbeitete Hölzer (sog. Stäbe, Stabholz) aus Eichenholz	roh usw. für den häuslichen oder handwerksmäßigen Bedarf von Bewohnern des Grenzbezirks, in Traglasten oder mit Zugtieren gefahren	
			hartes	weiches			
9.	10.	11.	12.	13.	14.	15.	

15. Juli 1879 und 22. Mai 1885.

für 100 kg 0,50 M.; bei den meistbegünstigten Staaten 0,00 M.			für 100 kg 0,20 M.			frei
982 009	70 453	.	768 561	18 542 889	337 706	164 484
.	*125 380*	*54 927*	*273 794*	*1 488 623*	*23 036*	in Spalte 12 u. 13 enthalten
997 073	73 672	.	991 407	23 538 919	321 894	102 178
.	*108 656*	*34 984*	*314 016*	*1 508 230*	*17 674*	in Spalte 12 u. 13 enthalten
1 002 345	65 099	.	1 166 554	25 802 831	476 338	171 057
.	*123 875*	*58 776*	*250 907*	*1 297 575*	*23 054*	in Spalte 12 u. 13 enthalten
1 089 612	69 385	.	1 373 655	27 125 358	419 949	137 102
.	*135 756*	*66 371*	*268 664*	*1 308 608*	*30 801*	in Spalte 12 u. 13 enthalten
174 878	30 443	18 776	366 557	3 964 332	77 002	54 420
.	*11 667*	.	*48 216*	*198 852*	*5 424*	.

Nutzholz							Nach dem Verhältnis der Einwohnerzahl des Preußischen Staates zu derjenigen des deutschen Zollgebietes treffen von dem Überschuß (Spalte 30) auf Preußen (in 100 kg)
Nutzholz von Buchsbaum, Kokos, Ebenholz, Mahagoni, in der Richtung der Längsachse gesägt usw.	Zedernholz, geschnitten	Bruyère- (Erika-) Holz, roh oder in geschnittenen Stücken	Insgesamt Bau- und Nutzholz (Spalten 12—26)	Überschuß der Einfuhr über die Ausfuhr (Spalte 27)	Überhaupt (Spalten 2, 4, 6, 8, 10 u. 27)	Überschuß der Einfuhr über die Ausfuhr (Spalte 29)	
24.	25.	26.	27.	28.	29.	30.	31.

15. Juli 1879 und 22. Mai 1885.

für 100 kg 1 M.; bei den meistbegünstigten Staaten 0,80 M.	für 100 kg 0,25 M.	frei					
3 358	26 145	9 233	39 321 296	35 906 269	44 037 771	38 709 777	23 574 254
6 534	*780*	*84*	*3 415 027*	.	*5 327 994*	.	.
3 675	28 618	12 938	47 967 396	44 252 811	52 857 827	47 367 693	28 846 925
6 654	*638*	*51*	*3 714 585*	.	*5 490 134*	.	.
3 738	22 805	11 221	50 490 087	47 256 038	56 434 229	51 388 623	31 295 671
5 469	*1 122*	*131*	*3 234 049*	.	*5 045 606*	.	.
4 362	25 434	10 257	53 108 566	50 023 527	59 912 166	55 121 384	33 789 408
11 611	*997*	*67*	*3 085 039*	.	*4 790 782*	.	.
1 624	5 989	2 364	8 656 755	8 241 166	9 553 136	8 867 833	5 435 982
2 470	*281*	*13*	*415 589*	.	*685 303*	.	*

Noch Tabelle

Übersicht über die Holz-Ein- und Ausfuhr für das

Die stehenden Zahlen bezeichnen die

Jahr	Einfuhr in den freien Verkehr und Ausfuhr aus									
	Bau- und Nutzholz								längs be-	
	unbearbeitet oder lediglich quer bearbeitet									
	gedämpft, getränkt usw.		weder gedämpft noch getränkt usw.					Bau- und Nutzholz, roh oder quer bearbeitet für Grenzbewohner	gedämpft, getränkt usw.	
	hart	weich	Eichenholz	Nußbaumholz	Buchen- und anderes hartes Holz	weiches Laubholz	Nadelholz	Grubenholz		hart	weich
1.	2.	3.	4.	5.	6.	7.	8.	9.	10.	11.	12.
	Zollsätze nach dem Reichsgesetz									
			0,20 M.; bei den meistbegünstigten Staaten 0,12 M.							0,50 M.;	
			Gedämpftes, getränktes, oder sonst auf chemischem Wege behandeltes Bau- und Nutzholz unterliegt einem								
1906 März	564	834	1 111 122	29 907	472 146	1 216 894	26 476 279	550 607	42 208	—	243
Dezember	152	3 235	72 324	132 917		27 012	913 931	Nur für die Einfuhr		225	569

Jahr	Einfuhr in den freien Verkehr und Ausfuhr aus									
	Bau- und Nutzholz		Erikaholz, unbearbeitet oder geschnitten	Kokusholz	Überschuß der Einfuhr -Ausfuhr- über die Ausfuhr -Einfuhr- (Spalte 28 + 29)	Zedernholz		Überschuß der Einfuhr -Ausfuhr- über die Ausfuhr -Einfuhr-	Mahagoni-, Polisanderholz		
	Insgesamt Bau- und Nutzholz (Spalten 2—25)	Überschuß der Einfuhr über die Ausfuhr				roh usw.	gesägt usw., nicht gehobelt		roh oder quer bearbeitet	beschlagen usw.	gesägt
26.	27.	28.	29.	30.	31.	32.	33.	34.	35.	36.
	Zollsätze nach dem Reichsgesetz									
			frei			0,10 M.	0,25 M.		0,20 M.	0,50 M.	1,25 M.
1906 März	51 365 506	49 449 297	7 088	7 135	11 201	174 381	37 934	203 953	71 197	50 991	4 415
Dezember	1 916 209		3 022			8 362			36 831		

7b.
deutsche Zollgebiet für März bis Dezember 1906.
Einfuhr, *die schrägen die Ausfuhr.*

demselben in Mengen von 100 Kilogramm (1 dz) netto

Bau- und Nutzholz												
schlagen usw.; gerissene Späne, Klärspäne						längs gesägt, nicht gehobelt usw.						
weder gedämpft noch getränkt usw.						gedämpft, getränkt usw.		weder gedämpft noch getränkt usw.				
Eichenholz	Nußbaumholz	Buchen- und anderes hartes Holz	weiches Laubholz	Nadelholz	Telegraphenstangen aller Art	hart	weich	Eichenholz	Nußbaumholz	Buchen- und anderes hartes Holz	weiches Laubholz	Nadelholz
13.	14.	15.	16.	17.	18.	19.	20.	21.	22.	23.	24.	25.

vom 7. Februar 1906 für 1 dz

bei den meistbegünstigten Staaten 0,24 M. — 1,25 M.; bei den meistbegünstigten Staaten 0,72 M.
Zollzuschläge von 0,30 M. für 1 dz Hartholz und 0,40 M. für 1 dz Weichholz, der bei den meistbegünstigten Staaten fortfällt.

| 105 600 | 48 189 | 12 323 | 40 051 | 3 164 898 | — | 2 942 | 541 | 736 267 | 108 859 | 156 063 | 339 231 | 16 749 738 |
| 50 805 | 57 656 | | 2 875 | 50 499 | 70 697 | 578 | 181 | 52 473 | 69 315 | | 10 600 | 400 165 |

demselben in Mengen von 100 Kilogramm (1 dz) netto

Buchsbaum-, Eben-, Teak-, Pockholz			Überschuß der Einfuhr -Ausfuhr- über die Ausfuhr -Einfuhr-	Eisenbahnschwellen				Überschuß der Einfuhr -Ausfuhr- über die Ausfuhr -Einfuhr-
				gedämpft, getränkt, nicht gehobelt		nicht gedämpft usw.		
roh oder quer bearbeitet	beschlagen	gesägt		aus hartem Holze	aus weichem Holze	aus hartem Holze	aus weichem Holze	
37.	38.	39.	40.	41.	42.	43.	44.	45.

vom 7. Februar 1906 für 1 dz

0,20 M.	0,50 M.	1,25 M.	Nicht gehobelt, mit der Axt bearbeitet, auf nicht mehr als einer Längsseite gesägt 0,40 M.; bei den meistbegünstigten Staaten 0,24 M.; — auf mehr als einer Längsseite gesägt 1,25 M.; bei den meistbegünstigten Staaten 0,72 M. Für gedämpfte, getränkte ꝛc. Eisenbahnschwellen aus Hartholz ein Zuschlag von 0,30 M., aus Weichholz von 0,40 M. für 1 dz, der bei den meistbegünstigten Staaten fortfällt.				
26 926	18 276	37 057	172 031	662	2 539	188 007	2 078 118	1 755 702
							513 624	

Zu Tabelle

Einfuhr in den freien Verkehr und *Ausfuhr aus*

Jahr	Holzpflasterklötze				Überschuß der Einfuhr *-Ausfuhr-* über die *Ausfuhr -Einfuhr-*	Naben, Felgen, Speichen usw.		Überschuß der Einfuhr *-Ausfuhr-* über die *Ausfuhr -Einfuhr-*	Faßholz, ungefärbt, nicht gehobelt		
	gedämpft, getränkt usw.		nicht gedämpft usw.						von Eichenholz	von Buchen- und anderem harten Holz	weich
	hart	weich	hart	weich		hart	weich				
	46.	47.	48.	49.	50.	51.	52.	53.	54.	55.	56.

Zollsätze nach dem Reichsgesetz

März 1906 Dezember	1,25 M.; bei den meistbegünstigten Staaten 0,72 M. — Für gedämpfte, getränkte usw. Holzpflasterklötze ein Zollzuschlag von 0,40 M. für 1 dz, der bei den meistbegünstigten Staaten fortfällt.					1 M.; bei den meistbegünstigten Staaten 0,72 M.		0,30 M.; bei den meistbegünstigten Staaten 0,20 M.	0,40 M.; bei den meistbegünstigten Staaten 0,30 M.		
	—	5 731	2 573	1 063	2 737	64 911	135	64 187	446 459	12 832	19 755
		6 630				827	32		16 756	38 492	3 177

Einfuhr in den freien Verkehr und *Ausfuhr aus*

Jahr	Holzmehl und Holzwolle	Überschuß der Einfuhr *-Ausfuhr-* über die *Ausfuhr -Einfuhr-*	Korkholz, unbearbeitet; Zierkorkholz	Überschuß der Einfuhr *-Ausfuhr-* über die *Ausfuhr -Einfuhr-*	Korkabfälle	Überschuß der Einfuhr *-Ausfuhr-* über die *Ausfuhr -Einfuhr-*	Farbhölzer				Überschuß der Einfuhr *-Ausfuhr-* über die *Ausfuhr -Einfuhr-*
							in Blöcken, Wurzeln			zerkleinert; angegoren (fermentiert)	
							Blauholz	Gelbholz	Rotholz		
	68.	69.	70.	71.	72.	73.	74.	75.	76.	77.	78.

Zollsätze nach Reichsgesetz

März 1906 Dezember	0,40 M.		frei		frei		frei				
	16 332		109 956	97 493	120 284	120 284	136 318	13 669	7 172	677	124 123
	56 848	40 516	12 463		Nicht besonders geführt		14 237	800	1 744	16 932	

7 b.

demselben in Mengen von 100 Kilogramm (1 dz) netto

Überschuß der Einfuhr *-Ausfuhr-* über die Ausfuhr *-Einfuhr-*	Korbweiden, Faschinen, ungeschält usw.	Überschuß der Einfuhr *-Ausfuhr-* über die Ausfuhr *-Einfuhr-*	Reifenstäbe, ungeschält usw.	Überschuß der Einfuhr *-Ausfuhr-* über die Ausfuhr *-Einfuhr-*	Holz zu Holzmasse, Holzschliff, Zellstoff	Überschuß der Einfuhr *-Ausfuhr-* über die Ausfuhr *-Einfuhr-*	Brennholz, Zapfen von Nadelhölzern, Gerblohe, Lohkuchen	Überschuß der Einfuhr *-Ausfuhr-* über die Ausfuhr *-Einfuhr-*	Holzkohlen, auch gepulvert, Holzkohlenbriketts	Überschuß der Einfuhr *-Ausfuhr-* über die Ausfuhr *-Einfuhr-*
57.	58.	59.	60.	61.	62.	63.	64.	65.	66.	67.

vom 7. Februar 1906 für 1 dz

	0,55 M.		0,55 M.		frei		frei		frei	
420 621	21 425	3 302	23 000	19 140	5 600 905	5 323 916	1 080 130	122 820	168 079	88 990
		18 123		*3 860*		*276 989*		*957 310*		*79 089*

demselben in Mengen von 100 Kilogramm (1 dz) netto

Gerbrinden, nicht ausgelaugt, auch gemahlen			Überschuß der Einfuhr *-Ausfuhr-* über die Ausfuhr *-Einfuhr-*	Quebracho- und anderes Gerbholz		Überschuß der Einfuhr *-Ausfuhr-* über die Ausfuhr *-Einfuhr-*	Überhaupt Spalten 26, 28, 29, 31, 32, 34–39, 41–44, 46–49, 51, 52, 54–56, 58, 60, 62, 64, 66, 68, 70, 72, 74–77, 79–81, 83, 84	Überschuß der Einfuhr über die Ausfuhr	Nach dem Verhältnis der Einwohnerzahl des Preußischen Staates zu derjenigen des deutschen Zollgebietes treffen von dem Überschuß in Spalte 87 auf Preußen (in 100 kg)
Eichenrinde	Nadelholzrinden	Akazien- und andere Gerbrinden		in Blöcken	zerkleinert				
79.	80.	81.	82.	83.	84.	85.	86.	87.	88.

vom 7. Februar 1906 für 1 dz

1,50 M.; bei den meistbegünstigten Staaten frei				nicht ausgelaugt 7 M.; bei den meistbegünstigten Staaten 2 M. (ausgelaugt frei)					
514 348	282 593	160 794	909 881	338 773	17 432	239 230	63 235 578	59 088 392	36 221 184
14 682	*8 366*	*24 806*		*15 681*	*101 294*		*4 147 186*		

Tabelle

Übersicht über die durchschnittlichen Verwertungs-

Laufende Nummer	Regierungs-bezirk	Verwertete Holzmasse							Geldertrag			
		Bau- und Nutzholz einschl. Nutzrinde			Brennholz einschl. Brennrinde			im ganzen (Spalten 5 und 8)	Bau- und Nutzholz einschl. Nutzrinde			Verwertungspreis für 1 fm
		aus dem Bestande des Vorjahres	aus dem Einschlage des laufenden Jahres	Zusammen (Spalten 3 und 4)	aus dem Bestande des Vorjahres	aus dem Einschlage des laufenden Jahres	Zusammen (Spalten 6 und 7)		Für das in den Spalten 3 und 4 aufgeführte Holz soll zur Kasse gelangen	Laxperlust durch Freiholz-Abgaben	Zusammen (Spalten 10 und 11)	
		Festmeter							Mark			M. | Pf.
1.	2.	3.	4.	5.	6.	7.	8.	9.	10.	11.	12.	13.
1	Königsberg	.	230 219	230 219	2	292 247	292 249	522 468	2 583 469	3 741	2 587 210	11 | 24
2	Gumbinnen	2	267 244	267 246	34	337 416	337 450	604 696	2 871 592	3 989	2 875 581	10 | 76
3	Allenstein	2	514 160	514 162	114	264 128	264 242	778 404	7 843 916	950	7 844 866	15 | 26
4	Danzig	25	188 115	188 140	30	165 285	165 315	353 455	3 018 209	1 680	3 019 889	16 | 05
5	Marienwerder	.	513 881	513 881	4	366 197	366 201	880 082	7 900 734	1 432	7 902 166	15 | 38
6	Potsdam	75	466 869	466 944	4	353 348	353 352	820 296	7 801 532	773	7 802 305	16 | 71
7	Frankfurt a. O.	.	508 104	508 104	.	267 706	267 706	775 810	8 230 797	123	8 230 920	16 | 20
8	Stettin	.	262 195	262 195	5	203 936	203 941	466 136	4 468 953	358	4 469 311	17 | 05
9	Köslin	.	86 604	86 604	2	125 888	125 890	212 494	1 567 299	95	1 567 394	18 | 10
10	Stralsund	.	47 781	47 781	.	56 267	56 267	104 048	727 432	5 343	732 775	15 | 34
11	Posen	116	190 686	190 802	.	128 340	128 340	319 142	2 496 795	600	2 497 395	13 | 09
12	Bromberg	.	222 922	222 922	.	187 139	187 139	410 061	3 196 268	384	3 196 652	14 | 34
13	Breslau	.	249 661	249 661	1 321	123 499	124 820	374 481	3 824 015	1 050	3 825 065	15 | 32
14	Liegnitz	.	67 691	67 691	1	26 913	26 914	94 605	1 042 259	261	1 042 520	15 | 40
15	Oppeln	.	374 262	374 262	84	92 406	92 490	466 752	4 469 982	1 139	4 471 121	11 | 95
16	Magdeburg	.	106 303	106 303	31	101 539	101 570	207 873	1 918 325	74	1 918 399	18 | 05
17	Merseburg	59	228 032	228 091	34	147 855	147 889	375 980	4 010 636	452	4 011 088	17 | 59
18	Erfurt	.	133 948	133 948	.	110 119	110 119	244 067	2 486 163	420	2 486 583	18 | 56
19	Schleswig	1	78 976	78 977	.	98 977	98 977	177 954	1 055 102	1 675	1 056 777	13 | 38
20	Hannover	.	74 303	74 303	.	59 001	59 001	133 304	1 148 164	572	1 148 736	15 | 46
21	Hildesheim	1 905	271 144	273 049	1 230	272 378	273 608	546 657	4 858 071	395	4 858 466	17 | 79
22	Lüneburg	.	105 402	105 402	.	96 308	96 308	201 710	1 597 295	611	1 597 906	15 | 16
23	Stade	.	35 446	35 446	.	19 977	19 977	55 423	543 485	508	543 993	15 | 35
24	Osnabrück (mit Aurich)	.	26 195	26 195	.	15 845	15 845	42 040	361 347	154	361 501	13 | 80
25	Minden (mit Münster)	.	105 565	105 565	3	120 551	120 554	226 119	1 576 813	744	1 577 557	14 | 94
26	Arnsberg	.	61 245	61 245	.	40 725	40 725	101 970	943 019	106	943 125	15 | 40
27	Cassel	7	248 914	248 921	.	574 536	574 536	823 457	3 750 169	1 057	3 751 226	15 | 07
28	Wiesbaden	.	55 276	55 276	.	191 636	191 636	246 912	853 885	527	854 412	15 | 46
29	Coblenz	.	54 189	54 189	.	81 723	81 723	135 912	725 256	359	725 615	13 | 39
30	Düsseldorf[1])	.	51 444	51 444	.	37 975	37 975	89 419	813 638	855	814 493	15 | 83
31	Cöln	.	39 502	39 502	.	20 794	20 794	60 296	551 760	314	552 074	13 | 98
32	Trier	270	120 247	120 517	.	166 557	166 557	287 074	1 866 349	1 213	1 867 562	15 | 50
33	Aachen	22	72 198	72 220	254	55 405	55 659	127 879	1 058 795	558	1 059 353	14 | 67
	Summe	2 484	6 058 723	6 061 207	3 153	5 202 616	5 205 769	11 266 976	92 161 524	32 512	92 194 036	15 | 21

[1]) Einschl. Tiergarten.

8 b.
Preise für 1 Festmeter Holz im Etatsjahre 1907.

für Holz	Brennholz einschl. Brennrinde			im ganzen (Spalten 12 und 16)		Verwertungspreis für 1 fm (Bau-, Nutz- und Brennholz zusammen) 18 : 9	Von der Holzmasse in Spalte 9 sind verwertet als		Die Holzwerbungskosten im ganzen betragen	Es beträgt sonach der Verwertungspreis für 1 fm Derbholz einschl. des Erlöses des entfallenen Stock- und Reisigholzes				Von dem Einschlage d. laufenden Jahres sind unverwertet geblieben		Regierungsbezirk
Für das in den Spalten 6 und 7 aufgeführte Holz soll zur Kasse gelangen	Tarverlust durch Freiholz-Abgaben	Zusammen (Spalten 14 und 15)	Verwertungspreis für 1 fm				Derbholz	Nichtderbholz		einschl. (18 : 20)		ausschl. [(18−22) : 20]		Bau- und Nutzholz	Brennholz	
Mark			M.	Pf.	Mark	M.	Pf.	fm	fm	Mark	M.	Pf.	M.	Pf.	fm	fm	
14.	15.	16.	17.		18.	19.	20.	21.	22.	23.		24.		25.	26.	
1 163 749	68 642	1 232 391	4	22	3 819 601	7 31	465 987	56 481	577 680	8	20	6	96	27	146	Königsberg.
1 294 301	93 557	1 387 858	4	11	4 263 439	7 05	527 332	77 364	760 932	8	08	6	64	1	130	Gumbinnen.
1 070 805	77 239	1 148 044	4	34	8 992 910	11 55	710 306	68 098	878 902	12	66	11	42	15	160	Allenstein.
722 074	98 768	820 842	4	97	3 840 731	10 87	295 272	58 183	326 066	13	01	11	90	49	15	Danzig.
1 556 779	177 246	1 734 025	4	74	9 636 191	10 95	721 208	158 874	714 079	13	36	12	37	.	546	Marienwerder.
2 366 733	59 460	2 426 193	6	87	10 228 498	12 47	729 490	90 806	954 401	14	02	12	71	5	4	Potsdam.
1 525 189	50 974	1 576 163	5	89	9 807 083	12 64	695 138	80 672	817 403	14	11	12	93	2	10	Frankfurt a. O.
1 187 488	37 366	1 224 854	6	01	5 694 165	12 22	427 130	39 006	464 849	13	33	12	24	.	.	Stettin.
654 047	12 353	666 400	5	29	2 233 794	10 51	170 058	42 436	186 475	13	14	12	04	.	1	Köslin.
311 012	9 350	320 362	5	69	1 053 137	10 12	83 188	20 860	189 461	12	66	10	38	.	.	Stralsund.
673 518	23 071	696 589	5	43	3 193 984	10 01	248 318	70 824	377 592	12	86	11	34	.	.	Posen.
879 420	30 295	909 715	4	86	4 106 367	10 01	323 815	86 246	332 805	12	68	11	65	.	.	Bromberg.
722 024	21 212	743 236	5	95	4 568 301	12 20	335 167	39 314	459 641	13	63	12	26	.	57	Breslau.
136 451	7 442	143 893	5	35	1 186 413	12 54	82 750	11 855	113 752	14	34	12	96	.	.	Liegnitz.
453 063	29 538	482 601	5	22	4 953 722	10 61	444 788	21 964	494 080	11	14	10	03	.	.	Oppeln.
552 657	21 186	573 843	5	65	2 492 242	11 99	161 133	46 740	254 526	15	47	13	89	.	.	Magdeburg.
888 135	15 654	903 789	6	11	4 914 877	13 07	325 736	50 244	410 198	15	09	13	83	15	6	Merseburg.
781 678	17 243	798 921	7	26	3 285 504	13 46	200 969	43 098	451 750	16	35	14	10	33	.	Erfurt.
560 284	12 104	572 388	5	78	1 629 165	9 15	139 247	38 707	277 824	11	70	9	70	.	.	Schleswig.
343 204	8 358	351 562	5	96	1 500 298	11 25	110 035	23 269	204 076	13	64	11	78	.	.	Hannover.
1 215 340	245 570	1 460 910	5	34	6 319 376	11 56	458 392	88 265	1 079 701	13	79	11	43	.	633	Hildesheim.
546 712	19 056	565 768	5	87	2 163 674	10 73	154 842	46 868	310 180	13	97	11	97	.	.	Lüneburg.
98 483	3 823	102 306	5	12	646 299	11 66	45 500	9 923	69 525	14	20	12	68	.	.	Stade.
65 385	1 766	67 151	4	24	428 652	10 20	32 833	9 207	61 516	13	06	11	18	.	.	Osnabrück (mit Aurich).
531 336	36 943	568 279	4	71	2 145 836	9 49	184 743	41 376	324 743	11	62	9	86	1	.	Mind. (m. Münster).
207 515	3 286	210 801	5	18	1 153 926	11 32	90 213	11 757	129 616	12	79	11	35	.	.	Arnsberg.
2 393 499	519 498	2 912 997	5	07	6 664 223	8 09	564 297	259 160	1 105 964	11	81	9	85	.	.	Cassel.
1 264 320	38 593	1 302 913	6	80	2 157 325	8 74	179 439	67 473	436 731	12	02	9	60	.	.	Wiesbaden.
485 651	5 453	491 104	6	01	1 216 719	8 95	108 291	27 621	209 593	11	24	9	30	.	.	Coblenz.
142 400	1 764	144 164	3	80	958 657	10 72	59 417	30 002	112 160	16	13	14	25	.	.	Düsseldorf.
72 728	901	73 629	3	54	625 703	10 38	46 515	13 781	106 513	13	45	11	16	.	.	Cöln.
1 214 871	11 772	1 226 643	7	36	3 094 205	10 78	244 080	42 994	550 365	12	68	10	42	66	.	Trier.
182 316	1 066	183 382	3	29	1 242 735	9 72	103 288	24 591	174 193	12	03	10	35	36	12	Aachen.
26 263 167	1 760 549	28 023 716	5	38	120 217 752	10 67	9 468 917	1 798 059	13 917 292	12	70	11	23	250	1 720	

Tabelle
Übersicht über die durchschnittlichen Verwertungs=

Laubholz. Bau- und Nutzholz in

Laufende Nummer	Regierungsbezirk	Eichen							Buchen (Eschen, Rüstern,		
		Klasse III (von 40 bis 49 cm Mittendurchmesser)				Klasse IV (von 30 bis 39 cm Mittendurchmesser)				Klasse III (von 40 bis 49 cm Mittendurchmesser)		
		Es sind verwertet		Erzielter Erlös		Es sind verwertet		Erzielter Erlös		Es sind verwertet		Erzielter Erlös
				im ganzen	für 1 fm			im ganzen	für 1 fm			im ganzen
		fm	dec	Mark	Pf.	M.	Pf.	fm	dec	Mark	Pf.	M.	Pf.	fm	dec	Mark	Pf.	M.	Pf.
1.	2.	3.		4.		5.		6.		7.		8.		9.		10.		11.	
1	Königsberg	886	67	33 574	06	37	87	703	79	17 959	41	25	52	263	54	6 345	.	24	08
2	Gumbinnen	308	75	10 940	.	35	43	485	25	13 847	20	28	54	42	80	754	10	17	62
3	Allenstein	553	41	17 190	60	31	06	346	62	7 119	20	20	54	70	48	802	90	11	39
4	Danzig	881	39	26 095	30	29	61	2 367	99	64 729	60	27	34	583	32	6 674	96	11	44
5	Marienwerder	734	18	25 782	20	35	12	1 080	13	28 630	78	26	51	131	02	2 425	.	18	51
6	Potsdam	552	64	22 217	04	40	20	446	19	13 042	07	29	23	813	01	14 262	21	17	54
7	Frankfurt a. O.	907	56	35 071	88	38	64	556	69	12 581	04	22	60	464	17	9 739	90	20	98
8	Stettin	682	84	25 114	80	36	78	416	71	10 870	39	26	09	457	48	9 306	83	20	34
9	Köslin	137	28	4 423	84	32	22	307	15	6 693	06	21	79	103	86	1 446	06	13	92
10	Stralsund	472	14	18 362	90	38	89	370	98	9 784	12	26	38	586	06	12 655	44	21	59
11	Posen	376	19	18 385	82	48	87	380	41	14 070	36	36	99	150	92	2 781	08	18	43
12	Bromberg	769	16	21 705	50	28	22	1 070	71	21 155	80	19	76	12	19	221	.	18	13
13	Breslau	374	50	17 052	09	45	53	305	56	8 513	81	27	86	471	13	10 521	60	22	33
14	Liegnitz	111	93	6 876	.	61	43	90	40	4 269	60	47	23	2	16	41	60	19	26
15	Oppeln	715	36	31 470	.	43	99	566	19	16 967	10	29	97	67	24	1 519	30	22	60
16	Magdeburg	294	03	11 248	10	38	25	156	52	4 247	94	27	14	518	06	15 104	.	29	15
17	Merseburg	665	25	26 311	80	39	55	466	66	10 975	80	23	52	811	55	21 476	90	26	46
18	Erfurt	205	27	6 146	04	29	94	241	86	5 346	61	22	11	1 432	48	34 361	66	23	99
19	Schleswig	669	28	23 552	70	35	19	754	82	17 148	07	22	72	1 008	38	18 709	42	18	55
20	Hannover	356	85	12 017	56	33	68	366	45	8 845	07	24	14	2 295	82	53 120	90	23	14
21	Hildesheim	787	53	31 194	13	39	61	679	27	18 097	.	26	64	4 933	84	107 750	06	21	84
22	Lüneburg	491	57	17 815	40	36	24	436	17	12 167	37	27	90	548	27	12 425	88	22	66
23	Stade	153	06	6 414	.	41	91	209	41	5 610	50	26	79	166	06	3 206	.	19	31
24	Osnabrück (mit Aurich)	84	77	3 997	.	47	15	49	78	1 963	.	39	43	226	41	3 302	81	14	59
25	Minden (mit Münster)	494	93	17 495	51	35	35	728	08	19 976	19	27	44	5 391	22	89 492	86	16	60
26	Arnsberg	161	44	6 762	50	41	89	130	61	4 254	50	32	57	139	42	2 669	86	19	15
27	Cassel	1 014	63	46 414	31	45	75	636	05	17 551	58	27	59	3 045	60	61 214	88	20	10
28	Wiesbaden	396	90	13 707	10	34	54	631	36	16 077	64	25	47	1 091	44	19 598	62	17	96
29	Coblenz	151	04	5 146	16	34	07	287	83	7 048	03	24	49	430	37	7 803	53	18	13
30	Düsseldorf	96	21	4 639	94	48	23	81	56	3 145	58	38	57	100	44	2 749	52	27	37
31	Cöln	11	23	327	.	29	12	31	28	820	.	26	21	5	42	111	38	20	55
32	Trier	1 183	74	42 356	72	35	78	1 684	83	41 233	61	24	47	3 186	89	54 020	58	16	95
33	Aachen	315	55	11 634	08	36	87	224	27	5 938	61	26	48	1 181	42	19 278	79	16	32
	Summe	15 997	28	601 442	08	37	60	17 291	58	450 680	64	26	06	30 732	47	605 894	63	19	72

9 c.

preise einzelner Holzarten im Etatsjahre 1907.

Rundhölzern der Klasse A.									Nadelholz. Bau- und Nutzholz in gewöhnlichen Rundhölzern					
Ahorn usw.)					Weiches Laubholz einschl. Birken					Fichten				Regierungsbezirk
Klasse IV (von 30 bis 39 cm Mittenburchmesser)					Klasse IV (von 30 bis 39 cm Mittenburchmesser)					Klasse II (von über 1 bis einschl. 2 Festmeter)				
Es sind verwertet		Erzielter Erlös			Es sind verwertet		Erzielter Erlös			Es sind verwertet		Erzielter Erlös		
		im ganzen		für 1 fm			im ganzen		für 1 fm			im ganzen		für 1 fm
fm	dec	Mark	Pf.	M.	Pf.	fm	dec	Mark	Pf.	M.	Pf.	fm	dec	Mark	Pf.	M.	Pf.
12.		13.		14.		15.		16.		17.		18.		19.		20.	

fm	dec	Mark	Pf.	M.	Pf.	fm	dec	Mark	Pf.	M.	Pf.	fm	dec	Mark	Pf.	M.	Pf.	Regierungsbezirk
437	65	8 214	48	18	77	1 074	64	11 309	84	10	52	17 132	52	207 002	07	12	08	Königsberg.
217	86	3 741	70	17	18	663	14	6 295	80	9	49	10 567	14	137 836	80	13	04	Gumbinnen.
159	24	1 970	30	12	37	691	54	6 054	10	8	75	4 146	11	51 535	49	12	43	Allenstein.
1 202	43	12 152	63	10	11	477	33	5 069	40	10	62	43	97	590	70	13	43	Danzig.
133	53	2 174	70	16	29	379	67	4 808	33	12	66	4	10	48	30	11	78	Marienwerder.
856	46	11 859	53	13	85	337	54	5 097	64	15	10	2	38	46	.	19	33	Potsdam.
357	55	6 987	10	19	54	250	06	3 083	60	12	33	122	51	2 567	40	20	96	Frankfurt a. O.
311	97	4 727	94	15	16	99	09	1 444	24	14	58	4 477	69	96 382	99	21	53	Stettin.
67	01	948	54	14	16	297	77	2 867	82	9	63	62	95	1 122	20	17	83	Köslin.
341	33	6 726	01	19	71	75	.	857	32	11	43	133	95	2 398	63	17	91	Stralsund.
91	35	1 703	25	18	65	196	62	2 232	13	11	35	1	37	24	.	17	52	Posen.
46	65	692	90	14	85	388	71	4 856	80	12	49	.	.	.	.	.	.	Bromberg.
647	66	11 852	70	18	30	1 020	18	16 758	97	16	43	12 487	39	213 904	27	17	13	Breslau.
10	34	182	.	17	60	.	.	.	.	.	.	722	91	12 849	50	17	77	Liegnitz.
81	24	1 788	78	22	02	360	07	4 972	32	13	81	14 393	93	221 403	90	15	38	Oppeln.
326	98	8 117	30	24	83	50	15	742	80	14	81	40	15	709	.	17	66	Magdeburg.
1 125	39	25 701	30	22	84	167	64	3 333	50	19	88	3 000	68	68 917	95	22	97	Merseburg.
2 772	61	50 562	31	18	24	50	01	734	60	14	69	15 593	59	362 444	22	23	24	Erfurt.
634	34	11 085	04	17	47	63	34	1 194	20	18	85	632	84	9 989	14	15	78	Schleswig.
2 523	91	43 308	43	17	16	12	90	179	70	13	93	715	30	15 760	36	22	03	Hannover.
8 251	99	143 214	29	17	36	75	62	1 189	17	15	73	30 183	87	811 900	32	26	90	Hildesheim.
525	93	9 258	49	17	60	135	75	2 633	71	19	40	1 714	13	38 652	83	22	55	Lüneburg.
240	53	3 965	66	16	49	2	91	36	.	12	37	290	39	6 645	.	22	88	Stade.
612	72	7 140	03	11	65	19	89	356	50	17	92	390	40	7 600	13	19	47	Osnabrück (mit Aurich).
9 327	69	136 852	07	14	67	48	38	720	98	14	90	3 028	96	68 599	77	22	65	Minden (mit Münster).
326	40	4 238	66	12	99	2	68	33	50	12	50	2 750	62	69 379	68	25	22	Arnsberg.
4 600	94	80 588	61	17	52	103	40	1 295	47	12	53	3 515	89	78 654	33	22	37	Cassel.
1 622	33	23 838	73	14	69	9	15	131	50	14	37	1 952	76	48 074	70	24	62	Wiesbaden.
892	58	11 690	07	13	10	2	87	29	.	10	10	1 472	.	27 838	33	18	91	Coblenz.
70	08	1 458	07	20	81	3	46	30	.	8	67	26	47	587	.	22	18	Düsseldorf.
.	.	.	.	.	.	.	.	.	.	.	.	77	83	1 537	.	19	75	Cöln.
4 557	71	65 231	84	14	31	38	40	449	82	11	71	1 147	75	22 474	52	19	58	Trier.
786	43	11 193	37	14	23	5	82	71	50	12	29	2 217	74	48 663	61	21	94	Aachen.
44 160	83	713 166	83	16	15	7 103	73	88 870	26	12	51	133 050	29	2 636 140	14	19	81	

12

Zu Tabelle

Laufende Nummer	Regierungsbezirk	Nadelholz. Bau- und Nutzholz in gewöhnlichen Rundhölzern											
		Fichten			Kiefern							
		Klasse III (von über 0,5 bis einschl. 1 Festmeter)			Klasse II (von über 1 bis einschl. 2 Festmeter)			Klasse III (von über 0,5 bis einschl. 1 Festmeter)					
		Es sind verwertet		Erzielter Erlös		Es sind verwertet		Erzielter Erlös		Es sind verwertet		Erzielter Erlös			
				im ganzen	für 1 fm			im ganzen	für 1 fm			im ganzen	für 1 fm		
		fm	dec	Mark	Pf.	M.	Pf.	fm	dec	Mark	Pf.	M.	Pf.	fm	dec	Mark	Pf.	M.	Pf.
		21.		22.		23.		24.		25.		26.		27.		28.		29.	
1	Königsberg	28 555	11	291 596	07	10	21	13 855	39	228 584	19	16	50	7 784	04	97 863	81	12	57
2	Gumbinnen	28 177	67	332 542	26	11	80	6 858	06	97 836	57	14	27	12 136	36	143 395	49	11	82
3	Allenstein	5 229	51	52 117	69	9	97	58 219	15	1 022 210	22	17	56	60 633	97	774 957	77	12	78
4	Danzig	84	35	1 039	44	12	32	34 393	94	666 959	81	19	39	29 586	90	468 403	04	15	83
5	Marienwerder	10	75	121	50	11	30	87 784	61	1 697 963	69	19	34	77 716	95	1 197 300	86	15	41
6	Potsdam	6	43	85	50	13	30	101 497	30	2 203 074	20	21	71	84 615	26	1 362 269	75	16	10
7	Frankfurt a. O.	216	08	3 532	40	16	35	29 578	03	642 760	77	21	73	27 825	13	459 895	25	16	53
8	Stettin	2 788	44	44 656	02	16	02	32 579	89	678 192	91	20	82	23 598	39	368 241	81	15	60
9	Köslin	94	14	1 320	40	14	03	13 679	08	282 583	44	20	66	10 937	53	194 640	95	17	80
10	Stralsund	735	61	11 779	01	16	01	1 983	19	35 466	62	17	88	2 050	74	31 717	51	15	47
11	Posen	7	10	98	.	13	80	22 148	66	452 299	42	20	42	27 533	67	447 798	62	16	26
12	Bromberg	.	.	.	.	.	.	42 290	73	701 115	19	16	58	38 819	80	542 055	90	13	96
13	Breslau	15 209	81	216 784	73	14	25	14 599	77	309 893	21	21	23	22 424	86	355 741	34	15	86
14	Liegnitz	1 902	80	28 732	50	15	10	2 409	47	56 735	80	23	55	2 734	48	43 613	20	15	95
15	Oppeln	17 123	23	225 943	80	13	20	18 356	62	428 326	22	23	33	39 983	28	667 305	64	16	69
16	Magdeburg	64	61	959	70	14	85	10 259	03	248 761	76	24	25	13 671	81	272 316	45	19	92
17	Merseburg	3 337	05	66 610	18	19	96	27 610	92	627 670	51	22	73	36 779	11	652 492	84	17	74
18	Erfurt	17 338	12	361 807	42	20	87	134	29	2 452	50	18	26	362	64	6 088	65	16	79
19	Schleswig	2 660	63	33 830	18	12	72	407	80	7 394	14	18	13	1 207	08	16 402	63	13	59
20	Hannover	2 339	87	48 130	51	20	57	1 130	.	23 298	51	20	62	3 719	10	66 827	40	17	97
21	Hildesheim	34 763	75	810 516	92	23	32	156	36	3 394	50	21	71	433	33	7 183	86	16	58
22	Lüneburg	3 230	01	62 772	79	19	43	4 957	55	116 469	52	23	49	9 449	64	165 471	23	17	51
23	Stade	1 194	77	22 157	10	18	55	429	12	9 511	60	22	17	2 438	72	44 087	30	18	08
24	Osnabrück (mit Aurich)	924	33	15 516	70	16	79	100	37	1 784	08	17	78	1 138	12	17 885	58	15	72
25	Minden (mit Münster)	4 667	03	92 263	83	19	77	152	92	3 108	.	20	32	713	48	11 644	72	16	32
26	Arnsberg	5 501	56	116 727	12	21	22	148	15	2 672	75	18	04	300	80	4 672	27	15	53
27	Cassel	7 290	84	145 647	92	19	98	2 810	58	61 817	28	21	99	13 251	57	221 581	40	16	72
28	Wiesbaden	3 875	77	75 398	88	19	45	552	61	13 847	03	25	06	836	29	16 251	68	19	43
29	Coblenz	4 249	49	72 913	48	17	16	64	46	1 177	91	18	27	315	71	4 420	87	14	.
30	Düsseldorf	20	05	361	.	18	.	1 171	55	25 239	37	21	54	3 997	68	74 494	80	18	63
31	Cöln	284	56	4 082	50	14	35	11	.	264	.	24	.	.	.	.	.	.	.
32	Trier	3 406	44	59 116	85	17	35	732	39	16 939	81	23	13	1 357	64	22 014	87	16	22
33	Aachen	6 927	18	123 015	48	17	76	458	47	8 317	54	18	14	1 970	59	28 497	67	14	46
	Summe	202 217	09	3 322 177	88	16	43	531 521	46	10 678 123	07	20	09	560 324	67	8 787 535	16	15	68

9 c.

Brennholz.						Rinde.			
Buchen (Eschen, Rüstern, Ahorn usw.)			Kiefern			Eichen. Spiegelrinde (ausschließlich der Werbungskosten)			Regierungsbezirk
Kloben						Es sind verwertet in Mengen von 50 kg	Erzielter Erlös		
Es sind verwertet	Erzielter Erlös		Es sind verwertet	Erzielter Erlös			im ganzen	für 50 kg	
	im ganzen	für 1 rm		im ganzen	für 1 rm				
rm | dec	Mark | Pf.	M. | Pf.	rm | dec	Mark | Pf.	M. | Pf.	dec	Mark | Pf.	M. | Pf.	
30.	31.	32.	33.	34.	35.	36.	37.	38.	
10 146 | 20	46 461 | 67	4 | 58	34 030 | 10	130 173 | 89	3 | 83	.	.	. | .	Königsberg.
2 259 | 10	9 885 | 50	4 | 38	24 628 | 20	93 998 | 20	3 | 82	.	.	. | .	Gumbinnen.
3 774 | .	17 251 | 80	4 | 57	127 811 | 20	463 994 | 30	3 | 63	.	.	. | .	Allenstein.
20 133 | 45	95 141 | 56	4 | 73	43 353 | 17	217 089 | 20	5 | 01	.	.	. | .	Danzig.
4 209 | 20	27 374 | 60	6 | 50	118 683 | 03	570 717 | 90	4 | 81	.	.	. | .	Marienwerder.
21 014 | 25	131 646 | 84	6 | 26	202 851 | .	1 145 463 | 32	5 | 65	.	.	. | .	Potsdam.
14 511 | 80	74 729 | 80	5 | 15	73 878 | 30	397 015 | 40	5 | 37	.	.	. | .	Frankfurt a. O.
39 933 | .	215 860 | 73	5 | 41	54 323 | 80	256 781 | 77	4 | 73	.	.	. | .	Stettin.
28 950 | .	161 580 | 40	5 | 58	26 067 | 73	113 316 | 06	4 | 35	.	.	. | .	Köslin.
13 297 | 90	80 827 | 43	6 | 08	3 782 | .	17 861 | 80	4 | 72	.	.	. | .	Stralsund.
1 986 | .	11 003 | 30	5 | 54	39 485 | 80	211 446 | 42	5 | 35	.	.	. | .	Posen.
361 | .	2 310 | 90	6 | 40	79 065 | 40	416 006 | 99	5 | 26	.	.	. | .	Bromberg.
9 111 | .	39 424 | 50	4 | 33	41 349 | 10	208 041 | 10	5 | 03	.	.	. | .	Breslau.
840 | .	4 549 | 90	5 | 42	3 409 | .	16 246 | 80	4 | 77	.	.	. | .	Liegnitz.
855 | 50	3 678 | 50	4 | 30	35 300 | 15	148 407 | 70	4 | 20	.	.	. | .	Oppeln.
11 834 | 30	77 468 | 10	6 | 55	8 657 | .	50 107 | 95	5 | 79	362 | 60	1 015 | 40	2 | 80	Magdeburg.
12 999 | 40	80 933 | 50	6 | 23	56 002 | .	328 838 | 50	5 | 87	.	.	. | .	Merseburg.
39 136 | 70	302 524 | 98	7 | 73	438 | 50	2 731 | 20	6 | 23	.	.	. | .	Erfurt.
39 456 | 30	277 060 | 29	7 | .	2 262 | .	10 910 | 49	4 | 82	.	.	. | .	Schleswig.
18 869 | 10	122 685 | 05	6 | 50	1 003 | 10	5 888 | 40	5 | 87	.	.	. | .	Hannover.
81 544 | 30	441 242 | 91	5 | 41	431 | 20	1 868 | 30	4 | 33	286 | 70	323 | 20	1 | 13	Hildesheim.
17 543 | 50	139 957 | 65	7 | 98	4 046 | 50	22 603 | 90	5 | 59	.	.	. | .	Lüneburg.
4 683 | .	37 034 | 40	7 | 91	680 | .	3 391 | 70	4 | 99	.	.	. | .	Stade.
2 434 | .	15 076 | 60	6 | 19	246 | .	832 | 70	3 | 38	.	.	. | .	Osnabrück (mit Aurich).
54 735 | 80	243 152 | 20	4 | 44	525 | 90	2 138 | 80	4 | 07	.	.	. | .	Minden (mit Münster).
23 859 | 30	101 405 | 02	4 | 25	6 | 50	13 | 60	2 | 09	.	.	. | .	Arnsberg.
126 891 | 15	808 198 | 59	6 | 37	7 883 | 55	35 210 | 20	4 | 47	5 281 | 16	11 845 | 43	2 | 24	Cassel.
87 406 | .	629 956 | 20	7 | 21	1 610 | .	8 569 | 93	5 | 32	687 | 70	1 253 | 06	1 | 82	Wiesbaden.
37 826 | 50	234 902 | 03	6 | 21	332 | .	1 479 | 60	4 | 46	822 | .	1 355 | 50	1 | 65	Coblenz.
4 160 | .	25 061 | 50	6 | 02	1 616 | 40	8 624 | 20	5 | 34	.	.	. | .	Düsseldorf.
2 313 | 50	11 946 | 10	5 | 16	314 | .	1 079 | 10	3 | 44	.	.	. | .	Cöln.
89 191 | .	588 522 | 45	6 | 60	804 | .	3 317 | .	4 | 13	121 | 25	60 | 70	. | 50	Trier.
17 064 | .	67 706 | 89	3 | 97	202 | .	785 | 75	3 | 89	1 309 | .	1 225 | .	. | 93	Aachen.
843 330 | 25	5 126 561 | 89	6 | 08	995 078 | 63	4 894 952 | 17	4 | 92	8 870 | 41	17 078 | 29	1 | 93	

14

Tabelle 11b.

Zusammenstellung der im ganzen Staate ausgegebenen Jagdscheine für das Etatsjahr 1907.

Lfd. Nr.	Provinz	Jahres-	Tages-	Ausländer		Doppel-Ausfertigungen	unentgeltliche	Zusammen		Lfd. Nr.
				Jahres-	Tages-			Jahres- und unentgeltliche	Tages-	
				Jagdscheine				Jagdscheine		
1.	2.	3.	4.	5.	6.	7.	8.	9.	10.	11.
1	Ostpreußen	10 136	1 062	1	2	92	1 347	11 484	1 064	1
2	Westpreußen	6 697	598	.	1	60	1 155	7 852	599	2
3	Brandenburg	17 871	1 860	6	9	136	2 145	20 022	1 869	3
4	Pommern	9 038	1 054	6	7	85	1 042	10 086	1 061	4
5	Posen	8 793	1 261	14	50	127	741	9 548	1 311	5
6	Schlesien	16 080	1 878	36	78	149	2 064	18 180	1 956	6
7	Sachsen	17 239	3 969	5	7	93	1 086	18 330	3 976	7
8	Schleswig-Holstein	11 773	1 152	10	24	81	294	12 077	1 176	8
9	Hannover	18 959	2 986	37	45	128	1 122	20 118	3 031	9
10	Westfalen	13 774	2 017	12	19	97	674	14 460	2 036	10
11	Hessen-Nassau	7 313	769	10	23	53	1 751	9 074	792	11
12	Rheinprovinz	17 934	2 449	209	304	149	1 534	20 677	2 753	12
13	Hohenzollern	370	43	.	2	1	70	440	45	13
	im ganzen	156 977	21 098	346	571	1 251	15 025	172 348	21 669	

Tabelle 18b.

Zusammenstellung der in den Staatsforsten beim Forst- und Jagdschutze vorgekommenen Tötungen und Verwundungen während der Jahre 1903—1907.

Jahr	Forstbeamte sind durch Wildbiebe und Forstfrevler				Bei Ausübung des Forstschutzes in den königlichen Forsten sind außerdem Personen, welche nicht dem zum Waffengebrauche berechtigten Forstschutzpersonale angehörten				Vom Forstschutzpersonale sind durch Wildbiebe und Forstfrevler zusammen				Wildbiebe und Forstfrevler sind durch Forstbeamte bei gerechtfertigtem Waffengebrauch			
	getötet	schwer verwundet	leicht verwundet	Summe der Fälle	getötet	schwer verwundet	leicht verwundet	Summe der Fälle	getötet	schwer verwundet	leicht verwundet	Summe der Fälle	getötet	schwer verwundet	leicht verwundet	Summe der Fälle
1.	2.	3.	4.	5.	6.	7.	8.	9.	10.	11.	12.	13.	14.	15.	16.	17.
1903	1	.	1	2	.	.	.	.	1	.	1	2	1	5	2	8
1904	.	.	.	.	.	.	.	.	.	.	.	.	3	.	2	5
1905	2	.	.	2	.	.	.	.	2	.	.	2	1	2	2	5
1906	1	.	1	2	.	.	.	.	1	.	1	2	1	.	1	2
1907	1	1	.	2	.	.	.	.	1	1	.	2	2	1	3	6

Jahr	Wildbiebe und Forstfrevler sind durch Forstbeamte bei ungerechtfertigtem Waffengebrauch				Wildbiebe und Forstfrevler sind durch Personen, welche mit Ausübung des Forstschutzes in den königlichen Forsten betraut waren, aber nicht dem zum Waffengebrauch berechtigten Forstschutzpersonale angehörten								Wildbiebe und Forstfrevler sind zusammen			
					im Stande der Notwehr				ungerechtfertigter Weise							
	getötet	schwer verwundet	leicht verwundet	Summe der Fälle	getötet	schwer verwundet	leicht verwundet	Summe der Fälle	getötet	schwer verwundet	leicht verwundet	Summe der Fälle	getötet	schwer verwundet	leicht verwundet	Summe der Fälle
	18.	19.	20.	21.	22.	23.	24.	25.	26.	27.	28.	29.	30.	31.	32.	33.
1903	.	.	.	.	.	.	.	.	.	.	.	.	1	5	2	8
1904	.	.	.	.	.	.	.	.	.	.	.	.	3	.	2	5
1905	.	.	.	.	.	.	.	.	.	.	.	.	1	2	2	5
1906	.	.	.	.	.	.	.	.	.	.	.	.	1	.	1	2
1907	.	.	.	.	.	.	.	.	.	.	.	.	2	1	3	6

Tabelle 19b.

Übersicht über die Forst-, Jagd- und Fischerei-Frevel im Kalenderjahre 1907.

Laufende Nummer	Regierungsbezirk	Zahl der zur Anzeige gebrachten											Zahl der zur Beurteilung gelangten (einschl. der Fälle aus dem Vorjahre, die im laufenden Jahre zur Beurteilung gelangt sind)												Anzahl der wegen Brandstiftung bestraften Personen	Bemerkungen
		Diebstähle an aufgearbeitetem Holze		Vergehen gegen das Forstdiebstahls-gesetz		Forstpolizei-übertretungen		Jagd-vergehen und über-tretungen		Fischerei-vergehen		Fälle der Widersetzlichkeit gegen Forstbeamte		Diebstähle an aufgearbeitetem Holze		Vergehen gegen das Forstdiebstahls-gesetz		Forstpolizei-übertretungen		Jagd-vergehen und über-tretungen		Fischerei-vergehen		Fälle der Widersetzlichkeit gegen Forstbeamte			
		im ganzen	für 100 ha der Gesamtfläche	im ganzen	für 100 ha der Gesamtfläche	im ganzen	für 100 ha der Gesamtfläche	im ganzen	für 100 ha der Gesamtfläche	im ganzen	für 100 ha der Gesamtfläche	im ganzen	für 100 ha der Gesamtfläche	im ganzen	für 100 ha der Gesamtfläche	im ganzen	für 100 ha der Gesamtfläche	im ganzen	für 100 ha der Gesamtfläche	im ganzen	für 100 ha der Gesamtfläche	im ganzen	für 100 ha der Gesamtfläche	im ganzen	für 100 ha der Gesamtfläche		
1.	2.	3.	4.	5.	6.	7.	8.	9.	10.	11.	12.	13.	14.	15.	16.	17.	18.	19.	20.	21.	22.	23.	24.	25.	26.	27.	28.
1	Königsberg	68	0,06	366	0,30	281	0,23	17	0,01	42	0,03	3	.	55	0,04	367	0,30	271	0,22	10	0,01	38	0,03	1	.	.	
2	Gumbinnen	77	0,05	479	0,30	230	0,14	14	0,01	56	0,03	5	.	75	0,05	469	0,29	204	0,13	13	0,01	49	0,03	5	.	1	
3	Allenstein	100	0,05	800	0,37	543	0,25	22	0,01	80	0,04	4	0,01	90	0,04	858	0,40	525	0,24	18	0,01	69	0,03	4	.	.	
4	Danzig	185	0,14	3 393	2,53	353	0,26	12	0,01	49	0,04	7	.	156	0,12	3 284	2,45	331	0,25	11	0,01	48	0,04	5	.	.	
5	Marienwerder	218	0,08	2 394	0,92	823	0,32	25	0,01	39	0,01	6	.	194	0,07	2 319	0,89	798	0,31	21	0,01	36	0,01	5	.	1	
6	Potsdam	33	0,01	1 668	0,74	2 307	1,02	16	0,01	168	0,07	10	.	28	0,01	1 631	0,72	2 185	0,97	15	0,01	159	0,07	7	.	.	
7	Frankfurt a. O.	17	0,01	749	0,36	445	0,22	8	.	13	0,01	2	.	16	0,01	739	0,36	450	0,22	4	.	11	0,01	2	.	2	
8	Stettin	39	0,03	2 107	1,77	1 353	1,14	11	0,01	1	.	4	.	36	0,03	2 066	1,74	1 326	1,11	9	0,01	.	.	4	.	.	
9	Köslin	18	0,02	211	0,28	76	0,10	4	0,01	12	0,02	.	.	15	0,02	198	0,26	72	0,09	4	0,01	12	0,02	.	.	2	
10	Stralsund	.	.	60	0,21	116	0,41	3	0,01	.	.	.	.	.	.	82	0,29	88	0,31	3	0,01	.	.	.	.	.	
11	Posen	56	0,06	1 477	1,51	313	0,32	10	0,01	6	.	3	.	52	0,05	1 465	1,49	284	0,29	8	0,01	2	.	3	.	1	
12	Bromberg	120	0,09	1 613	1,16	364	0,26	14	0,01	11	0,01	7	.	104	0,06	1 573	1,13	347	0,25	11	0,01	10	0,01	4	.	.	
13	Breslau	16	0,03	453	0,73	155	0,25	1	.	9	0,01	.	.	16	0,03	443	0,71	153	0,25	1	.	9	0,01	.	.	.	
14	Liegnitz	2	0,01	51	0,22	33	0,14	.	.	22	0,09	.	.	2	.	48	0,20	32	0,14	.	.	19	0,08	.	.	1	
15	Oppeln	44	0,06	1 246	1,60	200	0,26	13	0,02	4	.	5	0,01	32	0,04	1 229	1,60	191	0,25	11	0,02	3	0,01	5	0,01	.	
16	Magdeburg	6	0,01	582	0,84	160	0,23	11	0,02	16	0,02	5	.	5	0,01	573	0,83	158	0,23	9	0,02	14	0,02	1	.	1	
17	Merseburg	26	0,03	738	0,94	358	0,46	8	0,01	.	.	3	.	17	0,02	648	0,82	351	0,45	7	.	5	0,01	4	0,01	1	
18	Erfurt	11	0,03	333	0,90	279	0,75	11	0,04	6	.	1	.	8	0,01	327	0,88	274	0,74	11	0,03	.	.	4	0,01	1	
19	Schleswig	1	.	18	0,04	22	0,05	2	.	.	.	.	.	.	.	21	0,05	20	0,04	2	.	.	.	.	.	.	
20	Hannover	7	0,02	189	0,61	55	0,18	10	0,03	1	.	1	.	3	0,01	166	0,54	50	0,16	6	0,02	.	.	1	.	.	
21	Hildesheim	20	0,02	433	0,41	150	0,14	19	0,01	11	0,01	4	0,01	14	0,01	428	0,41	145	0,14	18	0,02	10	0,01	4	0,01	.	
22	Lüneburg	9	0,01	58	0,07	237	0,28	5	0,01	.	.	1	.	7	0,01	57	0,07	236	0,28	5	0,01	.	.	4	0,01	1	
23	Stade	.	.	10	0,05	29	0,14	2	0,01	.	.	.	.	.	.	10	0,05	28	0,13	1	.	.	.	.	.	.	
24	Osnabrück (mit Aurich)	1	0,01	27	0,17	12	0,07	.	.	.	.	13	0,02	.	.	22	0,14	9	0,06	.	.	.	.	5	.	1	
25	Minden (mit Münster)	3	0,01	238	0,66	142	0,39	8	0,02	.	.	.	.	3	0,01	236	0,65	93	0,26	7	0,02	.	.	1	.	1	
26	Arnsberg	2	0,01	57	0,26	37	0,17	33	0,02	.	.	2	0,01	.	.	56	0,25	34	0,15	.	.	.	.	4	.	1	
27	Kassel	44	0,02	1 442	0,69	735	0,35	14	0,02	24	0,01	1	.	41	0,02	1 439	0,69	706	0,34	22	0,01	21	0,01	3	.	4	
28	Wiesbaden	7	0,01	179	0,34	426	0,80	.	.	38	0,07	5	.	3	0,01	170	0,32	371	0,70	12	0,02	28	0,05	.	.	.	
29	Coblenz	6	0,02	81	0,26	115	0,38	4	0,01	.	.	.	.	6	0,02	78	0,26	110	0,36	1	.	.	.	.	.	.	
30	Düsseldorf	6	0,03	56	0,29	14	0,07	7	0,04	11	0,06	2	.	2	0,01	49	0,26	13	0,07	4	.	11	0,06	2	.	.	
31	Cöln	3	0,02	161	1,10	107	0,73	13	0,09	.	.	1	.	3	0,02	154	1,05	37	0,25	10	0,07	.	.	1	.	.	
32	Trier	66	0,10	2 870	4,36	1 017	1,54	18	0,03	3	.	13	0,02	52	0,08	2 614	3,97	957	1,45	9	0,01	3	.	12	0,02	1	
33	Aachen	3	.	127	0,38	37	0,11	2	0,01	.	.	.	.	1	.	116	0,34	32	0,10	2	0,01	.	.	.	.	.	
	Summe	1 212	0,04	24 666	0,84	11 524	0,39	340	0,01	622	0,02	91	.	1 038	0,04	23 937	0,82	10 941	0,37	265	0,01	559	0,02	77	.	14	

Tabelle 20. Nachweisung der in den Etatsjahren 1903—1907 aufgekommenen Kapitalien für Veräußerung von Domänen- und Forstgrundstücken und für Ablösung von Domänen- und Forstgefällen.

Etatsjahr	Kaufgeld für				Zusammen		Ablösungs-Kapitalien		Zusammen (Spalte 4 und 5)	
	Domänen-		Forst-							
	Grundstücke									
	Mark	Pf.	Mark	Pf.	Mark	Pf.	Mark	Pf.	Mark	Pf.
1.	2.		3.		4.		5.		6.	
1903	4 869 491	18	3 876 257	51	8 745 748	69	1 437 715	75	10 183 464	44
1904	7 117 830	47	4 278 410	84	11 396 241	31	1 450 273	01	12 846 514	32
1905	5 727 307	16	1 710 885	16	7 438 192	32	1 408 135	31	8 846 327	63
1906	7 023 251	91	6 296 214	05	13 319 465	96	1 616 904	44	14 936 370	40
1907	12 819 486	31	4 549 581	62	17 369 067	93	1 171 709	67	18 540 777	60

Tabelle 27a. Summarische, nach alten und neuen Provinzen getrennte Übersicht über den Fortgang der Forstservitut- usw. Ablösungen in den Staatsforsten in den Jahren 1903—1907.

Nr.	Jahr	1. In den alten Provinzen					2. In den neuen Provinzen					
		Anzahl der		Als Abfindung sind gegeben			Anzahl der		Als Abfindung sind gegeben			
		bearbeiteten	abgeschlossenen	Forstland		Kapital	Renten	bearbeiteten	abgeschlossenen	Forstland		Kapital	Renten
		Sachen		ha	dec	Mark	Mark	Sachen		ha	dec	Mark	Mark
1.	2.	3.	4.	5.	6.	7.		8.	9.	10.		11.	12.
1	1903	55	10	.	0715	130 180	30 082	23	1	.	.	72 039	2 148
2	1904	54	13	.	.	152 858	33 266	26	10	.	.	77 719	1 723
3	1905	56	12	1	273	61 552	30 132	30	6	50	707	11 290	1 670
4	1906	55	9	.	.	57 145	31 804	34	14	35	809	46 587	1 705
5	1907	79	28	.	.	336 650	31 163	27	10	38	244	32 959	1 812

Tabelle 27b. Übersicht über den Fortgang der Forstservitut- usw. Ablösungen im Jahre 1907.

Lfd. Nr.	Regierungsbezirk	Bearbeitete	Abgeschlossene	Als Abfindung sind gegeben				Lfd. Nr.	Regierungsbezirk	Bearbeitete	Abgeschlossene	Als Abfindung sind gegeben			
				Forstland		Kapital	Renten					Forstland		Kapital	Renten
		Sachen		ha	dec	Mark	Mark			Sachen		ha	dec	Mark	Mark
1.	2.	3.	4.	5.		6.	7.	1.	2.	3.	4.	5.		6.	7.
1	Königsberg	7	2	.	.	3 760	.		Übertrag	73	24	.	.	319 050	1 837
2	Gumbinnen	15	1	.	.	1 582	.	18	Erfurt	2	2	.	.	400	.
3	Allenstein	11	6	.	.	51 109	293	19	Schleswig	4	1	.	.	1 073	711
4	Danzig	3	3	.	.	430	.	20	Hannover	.	.	.	.	.	.
5	Marienwerder	12	2	.	.	230 402	.	21	Hildesheim	7	3	.	.	19 652	.
6	Potsdam	3	1	.	.	2 248	717	22	Lüneburg	1	.	.	.	.	971
7	Frankfurt a. O.	5	4	.	.	2 016	375	23	Stade	.	.	.	.	.	.
8	Stettin	6	2	.	.	393	253	24	Osnabrück (mit Aurich)	.	.	.	.	.	.
9	Köslin	3	2	.	.	654	.	25	Minden (mit Münster)	12	5	38	244	7	.
10	Stralsund	.	.	.	.	.	.	26	Arnsberg	1	1	.	.	17 190	.
11	Posen	1	.	.	.	5 106	.	27	Cassel	3	1	.	.	2 227	130
12	Bromberg	3	.	.	.	397	90	28	Wiesbaden	1	1	.	.	10 000	.
13	Breslau	2	1	.	.	.	76	29	Coblenz	2	.	.	.	10	.
14	Liegnitz	.	.	.	.	.	.	30	Düsseldorf	.	.	.	.	.	.
15	Oppeln	2	.	.	.	17 200	.	31	Cöln	.	.	.	.	.	.
16	Magdeburg	.	.	.	.	.	.	32	Trier	.	.	.	.	.	29 326
17	Merseburg	.	.	.	.	3 753	33	33	Aachen	.	.	.	.	.	.
	Übertrag	73	24	.	.	319 050	1 837		Zusammen	106	38	88	244	369 609	32 975

17

Tabelle 27c.

Zusammenstellung der auf Grund des Gesetzes vom 27. April 1872 (Ges.-S. S. 417) und der demselben nachgebildeten Gesetze an die Provinzial-Rentenbanken gezahlten Amortisationsrenten für abgelöste Leistungen der Forstverwaltung an Kirchen, Pfarren, Küstereien, sonstige geistliche Institute, fromme und milde Stiftungen, Wohltätigkeits-Anstalten usw. für 1904 bis 1907.

Nr.	Regierungsbezirk	1904 Mark	Pf.	1905 Mark	Pf.	1906 Mark	Pf.	1907 Mark	Pf.
1.	2.	3.		4.		5.		6.	
1	Königsberg								
2	Gumbinnen								
3	Allenstein	69 634	40	69 634	40	69 758	90	69 634	40
4	Danzig								
5	Marienwerder								
6	Potsdam	51 079	.	51 079	.	51 079	.	51 079	.
7	Frankfurt a. O.								
8	Stettin								
9	Köslin	70 124	39	70 124	39	70 155	97	70 124	39
10	Stralsund								
11	Posen	.		.		.		.	
12	Bromberg	.		.		.		.	
13	Breslau								
14	Liegnitz	12 168	86	12 168	86	12 168	86	12 168	86
15	Oppeln								
16	Magdeburg	.		.		.		.	
17	Merseburg	.		.		.		.	
18	Erfurt	.		.		.		.	
19	Schleswig	9 174	20	9 174	20	9 174	20	9 174	20
20	Hannover								
21	Hildesheim								
22	Lüneburg	68 376	40	68 367	40	68 367	40	68 367	40
23	Stade								
24	Osnabrück (mit Aurich)								
25	Minden (mit Münster)	.		.		.		.	
26	Arnsberg	.		.		.		.	
27	Cassel	.		.		.		.	
28	Wiesbaden	.		.		.		.	
29	Coblenz	.		.		.		.	
30	Düsseldorf	.		.		.		.	
31	Cöln	.		.		.		.	
32	Trier	.		.		.		.	
33	Aachen	.		.		.		.	
	Zusammen	280 548	25	280 548	25	280 704	33	280 548	25

Tabelle 33a.

Nachweisung des jährlichen Bedarfes an Kiefernsamen in den Staatsforsten und der auf den Königlichen Darren gewonnenen Samenmengen für die Jahre 1903 bis 1907.

Bedarfsmenge		Selbstgewonnen sind im Winter vorher		Selbstkostenpreis für das kg einschl. des Betrages für Verzinsung und Tilgung des Bau-Kapitals	
zu den Kulturen für	kg	dcm	kg	dcm	Mark	Pf.
1.	2.		3.		4.	
1903	45 760	93	45 052	25	6	50
1904	41 676	90	81 486	88	5	05
1905	44 886	06	28 232	05	4	98
1906	48 885	90	58 103	24	4	08
1907	56 272	60	26 737	72	4	81

Tabelle 34a. Übersicht über die Erträge aus der Jagd

(Die schrägen Zahlen

Laufende Nummer	Regierungsbezirk	Durch Administrationsbeschuß sind erlegt:																					
		Elchwild				Rotwild			Damwild			Rehe			Schwarzwild	Auerwild	Birkwild	Fasanen	Haselwild	Wildschwäne	Hasen	Rebhühner	Moorhühner	Biber
		Hirsche	Weibliches Wild	Kälber	Elchecken eingegangener Tiere	Hirsche	Weibliches Wild	Kälber	Hirsche	Weibliches Wild	Kälber	Böcke	Ricken	Kälber										
1.	2.	3.	4.	5.	6.	7.	8.	9.	10.	11.	12.	13.	14.	15.	16.	17.	18.	19.	20.	21.	22.	23.	24.	25.
1	Königsberg	43	46	.	3	5	5	3	21	68	40	342	196	1	25	.	5	10	8	2	.	.	.	.
2	Gumbinnen	15	19	2	11	65 *2*	109 *2*	90 *1*	25	8	3	431 *2*	311 *5*	2 *1*	87 *2*	3	27	.	23	.	.	.	.	.
3	Allenstein	.	.	.	.	30	97	51	3	3	3	459 *1*	367	63	19	.	15	.	9	6	107	.	.	.
4	Danzig	.	.	.	.	1	.	.	2	5	1	312 *2*	133 *1*	.	21	30	.	.	16	.	.	.	.	.
5	Marienwerder	.	.	.	.	51	61	20	36	75	31	702 *4*	404 *2*	11	15	9	4	8	.	1	.	.	.	.
6	Potsdam	.	.	.	.	300 *2*	435 *1*	240	439	615	385	359 *1*	283 *7*	11 *1*	176	.	7	39	.	.	293	59	.	.
7	Frankfurt a. O.	.	.	.	.	131 *1*	224	104	.	.	.	479	396	51	157	2	7	5	.	.	.	.	.	.
8	Stettin	.	.	.	.	116	298	73	13	18	9	263 *1*	243 *1*	1	41	.	.	25	.	.	.	.	.	.
9	Köslin	.	.	.	.	49 *1*	112	17	1	1	.	227 *2*	169 *1*	1	81	7	.	.	.	.	.	.	.	.
10	Stralsund	.	.	.	.	59	93	94	11	29	30	112	91	28	106	.	.	.	.	.	.	.	.	.
11	Posen	.	.	.	.	50 *2*	85 *1*	40 *1*	3	7	2	253 *12*	235 *9*	. *9*	26	.	19	.	.	.	23	.	.	.
12	Bromberg	.	.	.	.	11	13	9	8	9	3	288 *5*	243 *4*	1	21	.	.	.	.	.	.	.	.	.
13	Breslau	.	.	.	.	57 *2*	80 *2*	30	7	.	4	223 *2*	190 *14*	1 *1*	5	5	.	.	.	.	.	.	.	.
14	Liegnitz	.	.	.	.	2	3	.	3	4	7	61	62	1	4	2	3	.	.	.	.	.	.	.
15	Oppeln	.	.	.	.	46	80	36	.	.	.	294 *3*	218 *2*	3	25	.	.	.	.	.	.	.	.	.
16	Magdeburg	.	.	.	.	83	143	77	363	1095	473	236 *3*	149	23	435	.	2	.	.	.	.	.	.	1
17	Merseburg	.	.	.	.	89	150	55	4	16	2	245 *2*	251 *3*	1 *2*	11	6	1	1	.	.	.	1	.	.
18	Erfurt	.	.	.	.	41 *1*	68	25	.	.	.	99	77	2	.	7	.	.	.	.	.	.	.	.
19	Schleswig	.	.	.	.	14	18	10	30	27	8	140 *1*	223	2	.	.	1	.	.	.	.	.	.	.
20	Hannover	.	.	.	.	11	5	6	12	15	7	126	54	1	99	.	.	1	.	.	.	.	.	.
21	Hildesheim	.	.	.	.	256	279 *2*	234 *1*	.	1	.	227	135	2	56	.	.	.	.	.	.	.	.	.
22	Lüneburg	.	.	.	.	94	136	48	.	.	.	273 *1*	143 *1*	3	453	.	15	1	.	.	15	.	.	.
23	Stade	.	.	.	.	.	.	.	.	.	.	125	69	3	.	.	5	.	.	.	.	.	.	.
24	Osnabrück (mit Aurich)	.	.	.	.	.	.	.	.	.	.	43	8	.	3	.	6	6	.	.	.	.	.	.
25	Minden (mit Münster)	.	.	.	.	9	19	9	.	.	.	139	80	2	12	.	2	142	2	.	1341	413	.	.
26	Arnsberg	.	.	.	.	9	27 *1*	9	.	.	.	53 *2*	29 *1*	.	8	2	3	.	.	.	.	.	.	.
27	Cassel	.	.	.	.	153 *3*	198 *2*	74	.	.	.	1006 *4*	615 *5*	1 *3*	103	80	1	1	.	.	.	.	.	.
28	Wiesbaden	.	.	.	.	23	39	8	3	.	.	219	163	4	3 *1*	3	.	1	.	.	7	.	.	.
29	Coblenz	.	.	.	.	17 *3*	44	32 *1*	.	.	.	114	39	2	19	.	1	.	.	.	.	.	.	.
30	Düsseldorf	.	.	.	.	21 *1*	44	11	.	.	.	70 *3*	14 *4*	.	1	.	4	.	.	.	.	.	.	.
31	Cöln	.	.	.	.	2	8	3	4	10	6	37	22	.	2	.	1	.	.	.	.	.	.	.
32	Trier	.	.	.	.	95	90	74	.	.	.	273	91	.	52	.	2	.	.	.	.	.	.	.
33	Aachen	.	.	.	.	14	22	1	.	.	.	81	18	.	48	.	6	.	20	.	.	.	4	.
	Summe	58	65	2	14	1904 *17*	2985 *12*	1483 *4*	988 *2*	2006	1014	8311 *50*	5721 *60*	220 *20*	2114 *3*	156 *1*	137	239	79	9	1763	496	4	. *1*

Anmerkung: Die Niederjagd wird administriert: Obf. Potsdam und Falkenhagen (Potsdam), Feldmark Popowo (Wronke-Posen), in der Ober-

bei der Staatsforstverwaltung für das Etatsjahr 1907.
(geben das Fallwild an).

Einnahmen.						Ausgaben.						Netto-Ertrag (Die schrägen Zahlen sind Minuszahlen)		Regierungsbezirk
Für das durch Administrationsbeschuß erlegte Wild sind zur Forstkasse gezahlt		Durch Verpachtung sind aufgekommen		Zusammen		Für angepachtete Jagden sind verausgabt		Sonstige Jagdverwaltungskosten, soweit sie nicht vom Oberförster zu bestreiten sind		Zusammen				
M.	Pf.	M.	Pf.	M.	Pf.	M.	Pf.	M.	Pf.	M.	Pf.	M.	Pf.	
26.		27.		28.		29.		30.		31.		32.		
9 180	53	5 598	98	14 779	51	250	.	6 070	75	6 320	75	8 458	76	Königsberg.
11 634	30	1 736	35	13 370	65	5 801	25	10 268	79	16 070	04	*2 699*	*39*	Gumbinnen.
11 015	33	2 312	46	13 327	79	654	62	895	31	1 549	93	11 777	86	Allenstein.
4 121	37	4 232	73	8 354	10	109	10	585	90	695	.	7 659	10	Danzig.
13 680	01	3 252	03	16 932	04	623	75	1 645	81	2 269	56	14 662	48	Marienwerder.
42 443	25	9 505	48	51 948	73	2 988	99	5 475	99	8 464	98	43 483	75	Potsdam.
17 804	10	3 524	56	21 328	66	1 797	76	4 165	46	5 963	22	15 365	44	Frankfurt a. O.
15 896	02	4 409	69	20 305	71	425	94	256	40	682	34	19 623	37	Stettin.
7 445	63	1 428	66	8 874	29	19	.	231	25	250	25	8 624	04	Köslin.
7 087	93	761	20	7 849	13	35	.	108	01	143	01	7 706	12	Stralsund.
7 716	44	3 834	64	11 551	08	534	48	2 881	08	3 415	56	8 135	52	Posen.
5 069	40	3 169	17	8 238	57	429	82	29	95	459	77	7 778	80	Bromberg.
7 912	15	6 005	93	13 918	08	447	73	1 576	26	2 023	99	11 894	09	Breslau.
1 261	10	1 054	27	2 315	37	35	.	50	.	85	.	2 230	37	Liegnitz.
7 502	72	2 921	07	10 423	79	234	.	1 414	90	1 648	90	8 774	89	Oppeln.
28 449	31	4 318	48	32 767	79	534	80	3 457	35	3 992	15	28 775	64	Magdeburg.
11 069	25	5 439	91	16 509	16	733	66	589	27	1 322	93	15 186	23	Merseburg.
4 397	32	1 316	24	5 713	56	1 168	80	1 680	72	2 849	52	2 864	04	Erfurt.
4 593	36	8 595	53	13 188	89	.	87	54	.	54	87	13 134	02	Schleswig.
3 047	50	3 027	40	6 074	90	501	95	316	33	818	28	5 256	62	Hannover.
20 329	80	2 391	24	22 721	04	657	33	18 948	15	19 605	48	3 115	56	Hildesheim.
13 834	80	5 538	04	19 372	84	141	15	291	15	432	30	18 940	54	Lüneburg.
1 723	.	1 931	44	3 654	44	.	.	65	.	65	.	3 589	44	Stade.
524	.	532	10	1 056	10	.	.	.	.	.	.	1 056	10	Osnabrück (mit Aurich).
4 404	49	3 214	99	7 619	48	5 633	07	1 451	21	7 084	28	535	20	Minden (mit Münster).
1 737	60	3 156	77	4 894	37	35	50	294	68	330	18	4 564	19	Arnsberg.
24 651	59	8 886	46	33 538	05	755	47	6 325	54	7 081	01	26 457	04	Cassel.
5 011	70	18 129	68	23 141	38	946	49	1 264	53	2 211	02	20 930	36	Wiesbaden.
3 337	70	6 444	62	9 782	32	154	51	154	83	309	34	9 472	98	Coblenz.
2 332	50	12 956	03	¹)15 288	53	168	69	.	.	168	69	15 119	84	Düsseldorf.
947	.	18 367	53	19 314	53	206	57	25	48	232	05	19 082	48	Cöln.
8 255	08	5 986	09	14 241	17	484	67	6 455	24	6 939	91	7 301	26	Trier.
1 923	20	4 987	17	6 910	37	108	87	1 862	82	1 971	69	4 938	68	Aachen.
310 339	48	168 966	94	479 306	42	26 618	84	78 892	16	105 511	.	373 795	42	

¹) Einschl. 21 M. vom Tiergarten.

münze (Hohenbucko-Magdeburg), Daffel (Hildesheim), Göhrde (Lüneburg), Hafte (Minden) und auf dem Rheinstrom im Bez. Wiesbaden.

Tabelle
Übersicht über den Holzmassenertrag der Staatsforsten im

Nr.	Regierungsbezirk	Flächeninhalt			Fällungs-Ergebnis und Nutzholz-						
		a. Holzboden	b. Nicht-holz-boden	zusammen (a + b)	Derbholz			Nicht-Derbholz			
					Bau- und Nutzholz	Brennholz	Summe (Sp. 4 + 5)	mithin für 1 ha der Holz-boden-fläche (Sp. 1)	Reisholz			Stock-holz
									Nutz-holz	Brennholz	Summe (Sp. 8 + 9)	
		Hektare			Festmeter				Festmeter			
		1.	2.	3.	4.	5.	6.	7.	8.	9.	10.	11.
1	Königsberg	88 931	33 694	122 625	229 636	236 454	466 090	5,24	610	45 542	46 152	10 397
2	Gumbinnen	125 244	35 437	160 681	264 018	263 314	527 332	4,21	3 227	66 664	69 891	7 568
3	Allenstein	177 355	39 309	216 664	513 281	196 928	710 209	4,00	894	59 132	60 026	8 228
4	Danzig	119 591	14 272	133 863	185 748	109 469	295 217	2,47	2 367	50 895	53 262	4 921
5	Marienwerder	230 501	29 092	259 593	509 787	211 421	721 208	3,13	4 092	131 075	135 167	24 249
6	Potsdam	204 999	21 696	226 695	466 221	263 865	730 086	3,56	653	63 185	63 838	26 302
7	Frankfurt a. O.	190 307	15 845	206 152	506 162	188 985	695 147	3,65	1 944	59 573	61 517	19 158
8	Stettin	106 842	12 067	118 909	261 347	165 783	427 130	4,00	883	31 297	32 180	6 821
9	Köslin	69 418	7 074	76 492	86 441	83 615	170 056	2,45	163	41 569	41 732	704
10	Stralsund	25 193	3 007	28 200	47 455	35 733	83 188	3,30	326	19 982	20 308	552
11	Posen	89 172	8 876	98 048	185 405	62 797	248 202	2,78	5 614	53 154	58 768	12 056
12	Bromberg	126 804	12 500	139 304	221 864	101 951	323 815	2,55	1 058	69 047	70 105	16 141
13	Breslau	57 324	4 893	62 217	240 816	94 174	334 990	5,84	8 843	18 602	27 445	10 783
14	Liegnitz	22 206	1 413	23 619	66 312	16 437	82 749	3,73	1 378	8 328	9 706	2 149
15	Oppeln	73 218	4 423	77 641	373 002	71 786	444 788	6,07	1 260	15 061	16 321	5 559
16	Magdeburg	63 365	6 061	69 426	105 971	55 162	161 133	2,54	334	42 181	42 515	4 194
17	Merseburg	71 709	6 901	78 610	227 162	98 498	325 660	4,54	885	42 370	43 255	6 993
18	Erfurt	36 197	1 003	37 200	131 251	69 751	201 002	5,55	2 730	31 803	34 533	8 565
19	Schleswig	37 918	7 155	45 073	77 770	61 476	139 246	3,67	1 206	37 240	38 446	261
20	Hannover	27 620	3 184	30 804	73 541	36 494	110 035	3,98	762	22 319	23 081	188
21	Hildesheim	101 021	4 639	105 660	265 531	190 513	456 044	4,51	5 613	70 579	76 192	11 919
22	Lüneburg	75 537	7 988	83 525	103 407	51 435	154 842	2,05	1 996	43 567	45 563	1 305
23	Stade	17 404	3 965	21 369	34 923	10 577	45 500	2,61	523	9 382	9 905	18
24	Osnabrück mit Aurich	14 817	1 446	16 263	26 021	6 812	32 833	2,22	174	9 031	9 205	2
25	Minden mit Münster	34 638	1 567	36 205	103 411	81 329	184 740	5,33	2 154	38 535	40 689	687
26	Arnsberg	22 476	812	23 288	59 341	30 872	90 213	4,01	1 904	9 846	11 750	7
27	Cassel	201 011	6 972	207 983	244 623	319 667	564 290	2,81	4 291	246 711	251 002	8 158
28	Wiesbaden	51 582	1 698	53 280	53 556	125 883	179 439	3,48	1 720	65 060	66 780	693
29	Coblenz	29 396	881	30 277	52 760	55 532	108 292	3,68	1 429	25 862	27 291	329
30	Düsseldorf	16 900	2 172	19 072	49 000	10 412	59 412	3,52	2 445	26 346	28 791	1 216
31	Cöln	13 728	880	14 608	38 970	7 545	46 515	3,39	532	13 249	13 781	
32	Trier	63 720	2 129	65 849	117 784	126 092	243 876	3,83	2 529	40 426	42 955	39
33	Aachen	32 601	1 061	33 662	70 225	33 077	103 302	3,17	2 058	22 290	24 348	1
	Zusammen	2 618 745	304 112	2 922 857	5 992 742	3 473 839	9 466 581	3,61	66 597	1 529 903	1 596 500	200 163

37c.
Etatsjahr 1907 (Wirtschaftsjahr 1. Oktober 1906/1907).

prozent im ganzen						Ausscheidung des Nutzderbholzes nach den Hauptholzarten									
Gesamte Holzmasse				Nutzholz-prozent		Laubholz								Nadelholz	
									hierunter						
									Eichen			Rotbuchen			
Bau- und Nutzholz (Sp. 4 + 8)	Brennholz (Sp. 5 + 9 + 11)	Summe (Sp. 12 + 13)	mithin für 1 ha der Holzbodenfläche (Sp. 1)	von der Derbholzmasse 4:6	von der gesamten Holzmasse 12:14	Gesamt-Anfall an (Laubholz-) Derbholz	hiervon Nutzholz	Nutzholzprozent	Anfall an Derbholz	hiervon Nutzholz	Nutzholzprozent	Anfall an Derbholz	hiervon Nutzholz	Nutzholzprozent	Gesamt-Anfall an (Nadelholz-) Derbholz	hiervon Nutzholz	Nutzholzprozent
Festmeter				%		Festmeter		%	Festmeter		%	Festmeter		%	Festmeter		%
12.	13.	14.	15.	16.	17.	18.	19.	20.	21.	22.	23.	24.	25.	26.	27.	28.	29.
230 246	292 393	522 639	5,88	49	44	160 291	28 988	18	11 552	9 312	81	7 143	3 695	52	305 799	200 648	66
267 245	337 546	604 791	4,83	50	44	123 307	18 086	15	5 577	4 112	74	.	.	.	404 025	245 932	61
514 175	264 288	778 463	4,39	72	66	51 583	16 991	33	11 263	6 740	60	2 517	821	33	658 626	496 290	75
188 115	165 285	353 400	2,96	63	53	76 525	25 174	33	17 838	11 752	66	37 595	10 379	28	218 692	160 574	73
513 879	366 745	880 624	3,82	71	58	46 679	14 313	31	16 796	8 551	51	2 462	1 083	44	674 529	495 474	73
466 874	353 352	820 226	4,00	64	57	75 285	21 626	29	12 703	5 655	45	33 430	7 392	22	654 801	444 595	68
508 106	267 716	775 822	4,08	73	65	88 767	36 862	42	25 426	13 898	55	35 084	12 268	35	606 380	469 300	77
262 230	203 901	466 131	4,40	61	56	107 833	32 827	30	20 721	9 931	48	64 990	16 919	26	319 297	228 520	72
86 604	125 888	212 492	3,06	51	41	70 746	20 908	30	16 843	8 003	48	33 375	7 324	22	99 310	65 533	66
47 781	56 267	104 048	4,13	57	46	44 303	17 080	39	14 163	7 367	52	22 462	7 720	34	38 885	30 375	78
191 019	128 007	319 026	3,58	75	60	23 969	10 762	45	9 586	6 426	67	3 043	986	32	224 233	174 643	78
222 922	187 139	410 061	3,23	69	54	16 998	7 367	43	7 953	4 751	60	476	117	25	306 817	214 497	70
249 659	123 559	373 218	6,51	72	67	59 771	28 360	47	26 360	15 105	57	12 549	5 127	41	275 219	212 456	77
67 690	26 914	94 604	4,26	80	72	7 909	3 617	46	4 310	2 189	51	2 342	1 094	47	74 840	62 695	84
374 262	92 406	466 668	6,37	84	80	17 971	8 785	49	7 333	4 965	68	1 775	732	41	426 817	364 217	85
106 305	101 537	207 842	3,28	66	51	67 528	29 568	44	34 107	16 383	48	14 311	5 231	37	93 605	76 403	82
228 047	147 861	375 908	5,24	70	61	66 379	32 840	49	25 799	14 803	57	25 291	10 564	42	259 281	194 322	75
133 981	110 119	244 100	6,74	65	55	68 027	21 940	32	7 490	4 930	66	52 062	15 312	29	132 975	109 311	82
78 976	98 977	177 953	4,69	57	44	95 396	42 738	45	22 412	14 731	66	62 891	24 006	38	43 850	35 032	80
74 303	59 001	133 304	4,83	67	56	61 686	30 156	49	10 765	7 052	66	48 585	22 174	46	48 349	43 385	90
271 144	273 011	544 155	5,39	58	50	209 415	66 467	32	26 077	14 521	56	179 666	50 606	28	246 629	199 064	81
105 403	96 307	201 710	2,67	67	52	48 441	17 609	36	16 653	9 548	57	20 236	5 369	27	106 401	85 798	81
35 446	19 977	55 423	3,18	77	64	16 434	9 327	57	7 558	6 087	81	8 309	3 144	38	29 066	25 596	88
26 195	15 845	42 040	2,84	79	62	9 030	4 653	52	2 642	2 169	82	5 650	2 311	41	23 803	21 368	90
105 565	120 551	226 116	6,53	56	47	141 625	63 507	45	19 155	14 630	76	118 367	47 032	40	43 115	39 904	93
61 245	40 725	101 970	4,54	66	60	61 102	30 460	50	9 708	7 913	82	50 921	22 306	44	29 111	28 881	99
248 914	574 536	823 450	4,10	43	30	352 748	84 326	24	65 254	31 517	48	268 538	48 004	18	211 542	160 297	76
55 276	191 636	246 912	4,79	30	22	148 789	28 501	19	21 116	11 614	55	125 564	16 579	13	30 650	25 055	82
54 189	81 723	135 912	4,62	49	40	74 281	20 749	28	21 276	12 430	58	51 109	7 727	15	34 011	32 011	94
51 445	37 974	89 419	5,29	82	58	24 983	16 129	65	12 501	9 422	75	8 565	4 530	53	34 429	32 871	95
39 502	20 794	60 296	4,39	84	66	25 793	18 952	73	12 319	10 496	85	11 546	7 044	61	20 722	20 018	97
120 313	166 557	286 870	4,50	48	42	189 409	66 367	35	40 932	27 530	67	144 434	37 518	26	54 467	51 417	94
72 283	55 368	127 651	3,92	68	57	53 607	22 400	42	14 382	8 676	60	36 392	12 606	35	49 695	47 825	96
6 059 339	5 203 905	11 263 244	4,30	63	54	2 686 610	898 435	33	578 570	343 209	59	1 491 680	417 720	28	6 779 971	5 094 307	75

Tabelle 38b.

Übersicht des Materialertrages und des Sortimentsverhältnisses in den Staatsforsten für die Etatsjahre 1903—1907 (Wirtschaftsjahre 1. Oktober 1902 bis 1. Oktober 1907).

Rechnungsmäßiger Ist-Einschlag

Wirtschafts-jahr	Bau- und Nutzholz			Brennholz				Summe Bau-, Nutz- und Brennholz (Spalte 4 und 8)	Darunter sind enthalten		Zur Holzzucht bestimmte Fläche
	Derbholz einschl. Nutzrinde	Reisig	Zusammen (Spalte 2 und 3)	Derbholz	Stockholz	Reisig	Zusammen (Spalte 5, 6 und 7)		Derbholz einschl. Nutzholz (Spalte 2 und 5)	Reisig (Spalte 3 und 7)	
				Festmeter							Hektar
1.	2.	3.	4.	5.	6.	7.	8.	9.	10.	11.	12.
1. Oktober 1902/1903	6 665 257	64 984	6 730 241	3 875 347	262 713	1 649 412	5 787 472	12 517 713	10 540 604	1 714 396	2 544 271
1. " 1903/1904	6 317 082	61 111	6 378 193	3 495 442	243 253	1 646 213	5 384 908	11 763 101	9 812 524	1 707 324	2 554 259
1. " 1904/1905	5 895 425	65 779	5 961 204	3 338 953	246 922	1 564 139	5 150 014	11 111 218	9 234 378	1 629 918	2 587 925
1. " 1905/1906	5 708 902	63 256	5 772 158	3 462 289	243 402	1 538 721	5 244 412	11 016 570	9 171 191	1 601 977	2 605 392
1. " 1906/1907	5 992 742	66 597	6 059 339	3 473 839	200 163	1 529 903	5 203 905	11 263 244	9 466 581	1 596 500	2 618 745

Fortsetzung zu Tabelle 38b.

Die Abnutzung hat pro Hektar der Holzbodenfläche betragen

Bau- und Nutzholz			Brennholz				Summe Bau-, Nutz- und Brennholz (Spalte 15 u. 19)	Derb-Nutz- und Brennholz (Spalte 13 und 16)	Reisig-Nutz- und Brennholz (Spalte 14 und 18)
Derbholz einschl. Nutzrinde	Reisig	Zusammen (Spalte 13 u. 14)	Derbholz	Stockholz	Reisig	Zusammen (Spalte 16, 17 und 18)			
Festmeter									
13.	14.	15.	16.	17.	18.	19.	20.	21.	22.
2,62	0,03	2,65	1,52	0,10	0,65	2,27	4,92	4,14	0,68
2,47	0,02	2,49	1,37	0,10	0,64	2,11	4,60	3,84	0,66
2,28	0,02	2,30	1,29	0,09	0,61	1,99	4,29	3,57	0,63
2,19	0,03	2,22	1,33	0,09	0,59	2,01	4,23	3,52	0,62
2,28	0,03	2,31	1,33	0,08	0,58	1,99	4,30	3,61	0,61

Von dem Derbholz-Einschlage entfallen:

auf das kontrollfähige Material						auf das nicht kontrollfähige Material Mittel- und Niederwaldes	Zusammen (Spalte 23, 25 und 28)	Wirtschaftsjahr
vom Hoch- und Plänterwalde				vom Mittelwalde				
Hauptnutzung	Prozente des gesamten kontrollfähigen Materials	Vornutzung	Prozente der Hauptnutzung		Prozente des gesamten kontrollfähigen Materials			
Festmeter		Festmeter		Festmeter		Festmeter		
23.	24.	25.	26.	27.	28.	29.	30.	31.	32.
7 061 866	67,1	3 414 225	32,5	48,3	38 266	0,4	10 514 357	26 247	1. Oktober 1902/1903
6 480 111	66,2	3 279 255	33,5	50,6	32 505	0,3	9 791 871	20 653	1. " 1903/1904
6 025 667	65,4	3 156 209	34,3	52,4	28 922	0,3	9 210 798	23 580	1. " 1904/1905
5 731 258	62,6	3 399 215	37,1	59,3	27 394	0,3	9 157 867	13 324	1. " 1905/1906
5 781 752	61,2	3 638 340	38,5	62,9	28 196	0,3	9 448 288	18 293	1. " 1906/1907

Tabelle 42.

Zusammenstellung der in den Etatsjahren 1904—1907 in den preußischen Staatsforsten verwerteten Eichenrinde.

Lfd. Nr.	Provinz	Etatsjahr 1904 (Wirtschaftsjahr 1. Oktober 1903/04) Spiegel-Rinde	Etatsjahr 1905 (Wirtschaftsjahr 1. Oktober 1904/05) Spiegel-Rinde	Etatsjahr 1906 (Wirtschaftsjahr 1. Oktober 1905/06) Spiegel-Rinde	Etatsjahr 1907 (Wirtschaftsjahr 1. Oktober 1906/07) Spiegel-Rinde
		Doppel-Zentner (100 kg)			
1.	2.	3.	4.	5.	6.
1	Ostpreußen	.	.	.	.
2	Westpreußen	11	.	.	.
3	Brandenburg	.	.	.	.
4	Pommern	.	.	.	.
5	Posen	582	457	.	.
6	Schlesien	.	.	.	.
7	Sachsen	140	87	124	181
8	Schleswig-Holstein	.	.	.	.
9	Hannover	340	.	128	143
10	Westfalen	.	.	.	.
11	Hessen-Nassau	4 027	2 774	3 157	2 985
12	Rheinprovinz	1 374	1 404	897	1 126
	Zusammen 1—7, 10 und 12 (alte Provinzen)	2 107	1 948	1 021	1 307
	Zusammen 8, 9 und 11 (neue Provinzen)	4 367	2 774	3 285	3 128
	Gesamtbetrag	6 474	4 722	4 306	4 435

Tabelle
Übersicht von dem Flächeninhalt und von

Laufende Nummer	Regierungs-Bezirk	Flächen-Inhalt					Verwertete Holzmasse			Gelderträg	
		Zur Holzzucht bestimmter Boden	Nicht zur Holzzucht bestimmter Boden		Zusammen nutzbarer Boden	Gesamt-Fläche	Derbholz	Stock- und Reisigholz	Zusammen	Barer zur Kasse gelangter Erlös	Taxverlust durch Freiholz-Abgaben
			nutzbar	unnutzbar							
		Darunter dem Staate anteilig gehörige Waldungen										
		Hektar					Festmeter			Mark	
1.	2.	3.	4.	5.	6.	7.	8.	9.	10.	11.	12.
1	Königsberg	88 931	14 457	19 237	103 388	122 625	466 090	56 549	522 639	3 777 990	72 383
2	Gumbinnen	125 244	26 415	9 022	151 659	160 681	527 332	77 459	604 791	4 165 402	97 546
3	Allenstein	177 355	13 870	25 439	191 225	216 664	710 209	68 254	778 463	8 443 578	78 189
4	Danzig	119 591	7 847	6 425	127 438	133 863	295 217	58 183	353 400	3 641 181	100 448
5	Marienwerder	230 501	14 245	14 847	244 746	259 593	721 208	159 416	880 624	9 379 472	178 678
6	Potsdam	204 999	10 116	11 580	215 115	226 695	730 086	90 140	820 226	10 170 349	60 233
7	Frankfurt a. O.	190 307	8 335	7 510	198 642	206 152	695 147	80 675	775 822	9 753 234	51 097
8	Stettin	106 842	9 616	2 451	116 458	118 909	427 130	39 001	466 131	5 651 830	37 724
9	Köslin	69 418	4 735	2 339	74 153	76 492	170 056	42 436	212 492	2 203 562	12 448
10	Stralsund	25 193	2 027	980	27 220	28 200	83 188	20 860	104 048	1 038 445	14 693
11	Posen	89 172	4 833	4 043	94 005	98 048	248 202	70 824	319 026	3 070 402	23 671
12	Bromberg	126 804	8 813	4 187	135 117	139 304	323 815	86 246	410 061	4 065 517	30 679
13	Breslau	57 324	4 095	798	61 419	62 217	334 990	38 228	373 218	4 545 921	22 262
14	Liegnitz	22 206	871	542	23 077	23 619	82 749	11 855	94 604	1 178 710	7 703
15	Oppeln	73 218	3 662	761	76 880	77 641	444 788	21 880	466 668	4 867 267	30 677
16	Magdeburg	63 365	4 514	1 547	67 879	69 426	161 133	46 709	207 842	2 667 365	21 260
17	Merseburg	71 709	5 648	1 253	77 357	78 610	325 660	50 248	375 908	4 898 560	16 106
18	Erfurt	36 197	714	289	36 911	37 200	201 002	43 098	244 100	3 266 578	17 663
19	Schleswig	37 918	6 346	809	44 264	45 073	139 246	38 707	177 953	1 615 360	13 779
20	Hannover	27 620	2 531	653	30 151	30 804	110 035	23 269	133 304	1 466 099	8 930
21	Hildesheim	101 021	2 985	1 654	104 006	105 660	456 044	88 111	544 155	6 145 986	245 965
22	Lüneburg	75 537	5 897	2 091	81 434	83 525	154 842	46 868	201 710	2 171 784	19 667
23	Stade	17 404	3 524	441	20 928	21 369	45 500	9 923	55 423	641 959	4 331
24	Osnabrück	14 817	976	470	15 793	16 263	32 833	9 207	42 040	426 732	1 920
25	Minden	34 638	1 017	550	35 655	36 205	184 740	41 376	226 116	2 113 928	37 687
26	Arnsberg	22 476	657	155	23 133	23 288	90 213	11 757	101 970	1 151 899	3 392
		1 114	*9*	*.*	*1 123*	*1 123*					
27	Cassel	201 011	5 835	1 137	206 846	207 983	564 290	259 160	823 450	6 144 813	520 555
		401	*4*	*1*	*405*	*406*					
28	Wiesbaden	51 582	1 345	353	52 927	53 280	179 439	67 473	246 912	2 120 285	39 120
29	Coblenz	29 396	682	199	30 078	30 277	108 292	27 620	135 912	1 210 138	5 812
30	Düsseldorf	16 900	1 795	377	18 695	19 072	59 412	30 007	89 419	943 669	2 619
31	Cöln	13 728	747	133	14 475	14 608	46 515	13 781	60 296	624 488	1 215
32	Trier	63 720	1 650	479	65 370	65 849	243 876	42 994	286 870	3 080 689	12 985
33	Aachen	32 601	497	564	33 098	33 662	103 302	24 349	127 651	1 241 111	1 624
34	Sigmaringen	.	.	.	.	.					
35	Berlin, Ministerial-Baukommission	.	.	.	.	.					
36	General-Staatskasse	.	.	.	.	.					
	Summe	2 618 745	180 797	123 315	2 799 542	2 922 857	9 466 581	1 796 663	11 263 244	117 884 303	1 793 061
		1 515	*13*	*1*	*1 528*	*1 529*					

43 b.

den Erträgen für das Etatsjahr 1907.

für Holz		Sonstige Einnahmen für Nebennutzungen, Jagd und anderes	Gesamter Roh-Ertrag			Dauernde Ausgaben			Rein-Ertrag			Einmalige und außerordentliche Ausgaben	Bleibt Rein-Ertrag Die schrägen Zahlen sind Minuszahlen	Rein-Ertrag	
Zusammen	Für das Hektar Holzboden		Im ganzen einschließlich Taxverlust	für das Hektar der		Im ganzen	für das Hektar der		Im ganzen Die schrägen Zahlen sind Minuszahlen	für das Hektar der				mit Einschluß	nach Abzug der einmaligen und außerordentlichen Ausgaben beträgt vom Roh-Ertrage
				nutzbaren	Gesamtfläche		nutzbaren	Gesamtfläche		nutzbaren	Gesamtfläche				
Mark		Mark	Mark			Mark			Mark			Mark	Mark	%	
13.	14.	15.	16.	17.	18.	19.	20.	21.	22.	23.	24.	25.	26.	27.	28.
3 850 373	43,30	433 191	4 283 564	41,43	34,93	2 490 952	24,09	20,31	1 792 612	17,34	14,62	138 992	1 653 620	41,85	38,60
4 262 948	34,04	692 159	4 955 107	32,67	30,84	2 865 051	18,89	17,83	2 090 056	13,78	13,01	26 995	2 063 061	42,18	41,64
8 521 767	48,05	441 210	8 935 977	46,73	41,24	3 380 042	17,68	15,60	5 555 935	29,05	25,64	154 555	5 401 380	62,17	60,45
3 741 629	31,29	190 043	3 931 672	30,85	29,37	1 929 140	15,14	14,41	2 002 532	15,71	14,96	324 142	1 678 390	50,93	42,49
9 558 150	41,47	376 538	9 934 688	40,59	38,27	3 486 241	14,24	13,43	6 448 447	26,35	24,84	594 142	5 854 305	64,91	58,93
10 230 582	49,91	660 560	10 891 142	50,63	48,04	4 848 814	22,54	21,39	6 042 328	28,09	26,65	45 197	5 997 131	55,48	55,06
9 804 331	51,52	388 218	10 192 549	51,31	49,44	3 525 799	17,75	17,10	6 666 750	33,56	32,34	82 378	6 584 372	65,41	64,60
5 689 554	53,25	289 040	5 978 594	51,34	50,28	1 835 864	15,77	15,44	4 142 730	35,57	34,84	15 599	4 127 131	69,29	69,03
2 216 010	31,92	102 521	2 318 531	31,27	30,31	1 328 572	17,92	17,37	989 959	13,35	12,94	42 522	947 437	42,70	40,90
1 053 138	41,80	81 604	1 134 742	41,69	40,24	648 814	23,84	23,01	485 928	17,85	17,23	13 280	472 648	42,82	41,65
3 094 073	34,70	203 914	3 297 987	35,08	33,64	1 596 256	16,98	16,28	1 701 731	18,10	17,36	2 320 622	*618 891*	51,60	.
4 096 196	32,30	244 660	4 340 856	32,13	31,16	1 681 122	12,44	12,07	2 659 734	19,69	19,09	1 271 834	1 387 900	61,27	31,97
4 568 183	79,69	202 611	4 770 794	77,68	76,68	1 471 653	23,96	23,65	3 299 141	53,72	53,03	145	3 298 996	69,15	69,15
1 186 413	53,43	43 520	1 229 933	53,30	52,07	463 624	20,09	19,63	766 309	33,21	32,44	2 696	763 613	62,30	62,09
4 897 944	66,90	142 886	5 040 830	65,57	64,92	1 517 556	19,74	19,54	3 523 274	45,83	45,38	18 244	3 505 030	69,89	69,53
2 688 625	42,43	265 211	2 953 836	43,52	42,55	1 287 506	18,97	18,55	1 666 330	24,55	24,00	3 421	1 662 909	56,34	56,30
4 914 666	68,54	380 877	5 295 543	68,45	67,36	1 600 736	20,69	20,36	3 694 807	47,76	47,00	3 753	3 691 054	69,77	69,70
3 284 241	90,73	36 078	3 320 319	89,95	89,26	1 152 811	31,23	30,99	2 167 508	58,72	58,27	6 280	2 161 228	65,28	65,09
1 629 139	42,96	109 032	1 738 171	39,27	38,56	887 128	20,04	19,68	851 043	19,23	18,88	2 671	846 372	48,96	48,69
1 475 029	53,40	271 932	1 746 961	57,94	56,71	1 056 997	35,06	34,31	689 964	22,88	22,40	.	689 964	39,50	39,50
6 391 951	63,27	353 451	6 745 402	64,86	63,84	3 221 579	30,98	30,49	3 523 823	33,88	33,35	21 266	3 502 557	52,24	51,92
2 191 451	29,01	157 467	2 348 918	28,84	28,12	1 280 835	15,73	15,33	1 068 083	13,11	12,79	8 423	1 059 660	45,47	45,11
646 290	37,13	24 556	670 846	32,05	31,39	350 441	16,74	16,40	320 405	15,31	14,99	.	320 405	47,76	47,76
428 652	28,93	41 813	470 465	29,79	28,93	272 873	17,28	16,78	197 592	12,51	12,15	.	197 592	42,00	42,00
2 151 615	62,12	53 462	2 205 077	61,84	60,91	1 092 252	30,63	30,17	1 112 825	31,21	30,74	8	1 112 817	50,47	50,47
1 155 291	51,40	47 155	1 202 446	51,98	51,63	655 050	28,32	28,13	547 396	23,66	23,50	19 562	527 834	45,52	43,90
6 665 368	33,16	419 606	7 084 974	34,25	34,07	4 300 694	20,79	20,68	2 784 280	13,46	13,39	107 997	2 676 283	39,30	37,78
2 159 405	41,67	263 365	2 422 770	45,78	45,47	1 717 310	32,45	32,23	705 460	13,33	13,24	15 520	689 940	29,12	28,48
1 215 950	41,36	66 392	1 282 342	42,63	42,35	947 045	31,49	31,28	335 297	11,14	11,07	114	335 183	26,15	26,14
946 288	55,99	245 697	1 191 985	63,76	62,50	519 620	27,79	27,25	672 365	35,97	35,25	5 415	666 950	56,41	55,95
625 703	45,58	135 707	761 410	52,60	52,12	393 061	27,15	26,91	368 349	25,45	25,21	.	368 349	48,38	48,38
3 093 674	48,55	166 665	3 260 339	49,88	49,51	1 902 229	29,10	28,89	1 358 110	20,78	20,62	3 971	1 354 139	41,66	41,53
1 242 735	38,12	26 361	1 269 096	38,34	37,70	887 527	26,81	26,37	381 569	11,53	11,33	7 847	373 722	30,07	29,45
.	.	13 023	13 023	.	.	32 895	.	.	*19 872*	.	.	.	*19 872*	.	.
.	.	52 786	52 786	.	.	8 553	.	.	*8 553*	.	.	.	.	.	.
.	.	.	.	.	.	111 494	.	.	*58 708*	.	.	1 165 570	*1 174 123*	.	.
.	.	.	.	.	.	.	.	.	.	.	.	2 000	69 708	.	.
119 677 364	45,70	7 596 311	127 273 675	45,46	43,54	56 748 136	20,27	19,41	70 525 539	25,19	24,13	6 427 161	64 098 378	55,41	50,36

D

Tabelle 45a.

Übersicht des Ertrages aus der Holznutzung in den einzelnen Regierungs-Bezirken für das Hektar der zur Holzzucht bestimmten Fläche für die Etatsjahre 1904 bis 1907.

Laufende Nummer	Regierungsbezirk	Ertrag aus dem Holze (einschl. des Taxverlustes für Freiholzabgaben) für das Hektar der zur Holzzucht bestimmten Fläche (einschl. der dem Staate anteilig gehörenden Waldungen)				Reihenfolge der Bezirke nach dem Ertrage aus dem Holze für das ha des Holzbodens im Etatsjahre 1907		
		Etatsjahr 1904	Etatsjahr 1905	Etatsjahr 1906	Etatsjahr 1907	Lfd. Nr.		Mark
		Mark						
1.	2.	3.	4.	5.	6.	7.	8.	9.
1	Königsberg	37,30	31,22	33,48	43,30	1	Osnabrück	28,93
2	Gumbinnen	29,65	23,54	28,74	34,04	2	Lüneburg	29,01
3	Allenstein		44,91	45,01	48,05	3	Danzig	31,29
4	Danzig	24,55	29,78	30,32	31,29	4	Köslin	31,92
5	Marienwerder	36,94	38,95	40,84	41,47	5	Bromberg	32,30
6	Potsdam	41,45	43,70	49,88	49,91	6	Cassel	33,16
7	Frankfurt a. O.	44,19	46,67	48,91	51,52	7	Gumbinnen	34,04
8	Stettin	43,36	47,84	54,61	53,25	8	Posen	34,70
9	Köslin	26,97	29,77	30,05	31,92	9	Stade	37,13
10	Stralsund	32,48	35,00	39,91	41,80	10	Aachen	38,12
11	Posen	34,07	31,59	35,75	34,70	11	Coblenz	41,36
12	Bromberg	34,16	29,45	32,65	32,30	12	Marienwerder	41,47
13	Breslau	68,03	72,97	69,31	79,69	13	Wiesbaden	41,67
14	Liegnitz	55,26	49,64	49,83	53,43	14	Stralsund	41,80
15	Oppeln	65,60	57,89	52,95	66,90	15	Magdeburg	42,43
16	Magdeburg	173,49	106,41	56,62	42,43	16	Schleswig	42,96
17	Merseburg	61,57	59,71	61,15	68,54	17	Königsberg	43,30
18	Erfurt	74,33	78,24	77,25	90,73	18	Cöln	45,58
19	Schleswig	36,72	39,83	40,45	42,96	19	Allenstein	48,05
20	Hannover	42,51	49,32	48,84	53,40	20	Trier	48,55
21	Hildesheim	60,65	66,12	59,92	63,27	21	Potsdam	49,91
22	Lüneburg	30,18	28,52	26,94	29,01	22	Arnsberg	51,40
23	Stade	32,05	34,52	33,82	37,13	23	Frankfurt a. O.	51,52
24	Osnabrück (mit Aurich)	22,79	24,33	23,72	28,93	24	Stettin	53,25
25	Minden (mit Münster)	54,51	55,55	54,04	62,11	25	Hannover	53,40
26	Arnsberg	41,04	43,11	43,16	51,40	26	Liegnitz	53,43
27	Cassel	27,33	29,93	30,17	33,16	27	Düsseldorf	55,99
28	Wiesbaden	37,07	40,54	40,93	41,67	28	Minden	62,11
29	Coblenz	38,12	39,71	37,70	41,36	29	Hildesheim	63,27
30	Düsseldorf	53,15	49,95	54,53	55,99	30	Oppeln	66,90
31	Cöln	37,62	37,35	37,77	45,58	31	Merseburg	68,54
32	Trier	41,16	40,43	41,39	48,55	32	Breslau	79,69
33	Aachen	38,13	35,09	33,67	38,12	33	Erfurt	90,73
	Staat	43,22	42,84	42,92	45,70			

Tabelle 45b.

Zusammenstellung der Einnahmen für Holz aus den Staatsforsten nach den einzelnen Bezirken im Etatsjahre 1907.

Laufende Nummer	Regierungsbezirk	Es hat betragen			
		die Isteinnahme für		der rechnungsmäßige Verlust gegen die Taxe durch Freiholz-Abgaben bei	
		Bau- und Nutzholz mit Nutzrinde	Brennholz	Bau- und Nutzholz mit Nutzrinde	Brennholz
1.	2.	3.	4.	5.	6.
1	Königsberg	2 614 241	1 163 749	3 741	68 642
2	Gumbinnen	2 871 116	1 294 286	3 989	93 557
3	Allenstein	7 294 229	1 149 349	950	77 239
4	Danzig	2 918 667	722 514	1 680	98 768
5	Marienwerder	7 814 412	1 565 060	1 432	177 246
6	Potsdam	7 740 572	2 429 777	773	59 460
7	Frankfurt a. O.	8 228 044	1 525 190	123	50 974
8	Stettin	4 462 725	1 189 105	358	37 366
9	Köslin	1 549 518	654 044	95	12 353
10	Stralsund	727 432	311 013	5 343	9 350
11	Posen	2 396 621	673 781	600	23 071
12	Bromberg	3 186 096	879 421	384	30 295
13	Breslau	3 822 926	722 995	1 050	21 212
14	Liegnitz	1 042 297	136 413	261	7 442
15	Oppeln	4 414 204	453 063	1 139	29 538
16	Magdeburg	2 115 135	552 230	74	21 186
17	Merseburg	4 010 425	888 135	452	15 654
18	Erfurt	2 485 021	781 557	420	17 243
19	Schleswig	1 055 102	560 258	1 675	12 104
20	Hannover	1 115 785	350 314	572	8 358
21	Hildesheim	4 906 250	1 239 736	395	245 570
22	Lüneburg	1 624 170	547 614	611	19 056
23	Stade	543 501	98 458	508	3 823
24	Osnabrück (mit Aurich)	361 347	65 385	154	1 766
25	Minden (mit Münster)	1 582 589	531 339	744	36 943
26	Arnsberg	940 383	211 516	106	3 286
27	Cassel	3 751 397	2 393 416	1 057	519 498
28	Wiesbaden	853 880	1 266 405	527	38 593
29	Coblenz	725 256	484 882	359	5 453
30	Düsseldorf	806 872	136 797	855	1 764
31	Cöln	551 760	72 728	314	901
32	Trier	1 865 879	1 214 810	1 213	11 772
33	Aachen	1 058 797	182 314	558	1 066
	Zusammen	91 436 649	26 447 654	32 512	1 760 549

Tabelle 46b. Haupt-Übersicht der Ist-Einnahmen und

Unter den dauernden Ausgaben sind der besseren Übersicht wegen diejenigen, rechnungsmäßig als einmalige und außerordentliche bezeichneten Ausgabebeträge mit nachgewiesen, welche zur Verstärkung dauernder Ausgabefonds dienten. Diese Beträge müssen daher, wenn die Übersicht in Übereinstimmung mit der von der Generalstaatskasse gelegten Forstverwaltungs-Rechnung gebracht werden soll, bei den dauernden Ausgaben ab- und bei den einmaligen und außerordentlichen bezw. außeretatsmäßigen Ausgaben zugesetzt werden.

Laufende Nummer	Regierungsbezirk (General-Staatskasse)	Für Holz			Für Neben-Nutzungen	Aus der Jagd	Von Torf-gräbereien	Vom Tiergarten bei Cleve und dem Eichholz bei Arnsberg	Ver-schiedene andere Ein-nahmen
		Barer Erlös zur Kasse	Verlust gegen die Taxe durch Freiholz-Abgaben	Zusammen					
		Mark							
1.	2.	3.	4.	5.	6.	7.	8.	9.	10.
1	Königsberg	3 777 990	72 383	3 850 373	377 221	14 780	26 244	.	14 946
2	Gumbinnen	4 165 402	97 546	4 262 948	638 108	13 371	29 661	.	11 019
3	Allenstein	8 443 578	78 189	8 521 767	372 776	13 328	634	.	27 472
4	Danzig	3 641 181	100 448	3 741 629	165 085	8 354	3 966	.	12 638
5	Marienwerder	9 379 472	178 678	9 558 150	345 554	16 932	1 088	.	12 964
6	Potsdam	10 170 349	60 233	10 230 582	488 974	51 948	.	.	98 038
7	Frankfurt a. O.	9 753 234	51 097	9 804 331	316 244	21 328	3 040	.	27 015
8	Stettin	5 651 830	37 724	5 689 554	231 519	20 306	17 624	.	19 591
9	Köslin	2 203 562	12 448	2 216 010	87 759	8 874	2 557	.	3 331
10	Stralsund	1 038 445	14 693	1 053 138	72 498	7 849	.	.	1 257
11	Posen	3 070 402	23 671	3 094 073	188 034	11 551	4	.	4 325
12	Bromberg	4 065 517	30 679	4 096 196	209 830	8 239	3 592	.	6 147
13	Breslau	4 545 921	22 262	4 568 183	183 011	13 918	161	.	5 521
14	Liegnitz	1 178 710	7 703	1 186 413	38 451	2 315	915	.	1 839
15	Oppeln	4 867 267	30 677	4 897 944	124 726	10 423	.	.	7 737
16	Magdeburg	2 667 365	21 260	2 688 625	217 860	32 767	150	.	14 434
17	Merseburg	4 898 560	16 106	4 914 666	318 296	16 509	16 718	.	29 354
18	Erfurt	3 266 578	17 663	3 284 241	28 002	5 713	.	.	2 363
19	Schleswig	1 615 360	13 779	1 629 139	57 632	13 189	32 853	.	5 358
20	Hannover	1 466 099	8 930	1 475 029	42 420	6 075	11 683	.	211 754
21	Hildesheim	6 145 986	245 965	6 391 951	262 291	22 721	.	.	58 077
22	Lüneburg	2 171 784	19 667	2 191 451	120 713	19 373	4 491	.	12 890
23	Stade	641 959	4 331	646 290	17 091	3 654	2 932	.	879
24	Osnabrück (mit Aurich)	426 732	1 920	428 652	34 900	1 056	5 445	.	412
25	Minden (mit Münster)	2 113 928	37 687	2 151 615	39 020	7 620	1 568	.	5 254
26	Arnsberg	1 151 899	3 392	1 155 291	17 715	4 894	.	1 531	23 015
27	Cassel	6 144 813	520 555	6 665 368	258 570	33 538	16	.	117 478
28	Wiesbaden	2 120 285	39 120	2 159 405	118 653	23 142	.	.	98 378
29	Coblenz	1 210 138	5 812	1 215 950	23 710	9 783	.	19 396	32 899
30	Düsseldorf	943 669	2 619	946 288	209 172	15 268	.	.	1 861
31	Cöln	624 488	1 215	625 703	92 797	19 315	.	.	23 595
32	Trier	3 080 689	12 985	3 093 674	142 032	14 241	37	.	10 355
33	Aachen	1 241 111	1 624	1 242 735	13 332	6 911	26	.	6 092
34	Sigmaringen	.	.	.	40	.	.	.	12 983
35	General-Staatskasse	.	.	.	.	.	.	.	3 199
36	Berlin (Ministerial- pp. u. Baukommission)	.	.	.	.	.	.	.	.
	Zusammen	117 884 303	1 793 061	119 677 364	5 854 036	479 285	165 405	20 927	924 470

Ausgaben der Staatsforstverwaltung für das Etatsjahr 1907.

Hierfür sind zu berücksichtigen: 4 369 516 M. und zwar:
2 769 516 M. beim Ankaufsfonds, 900 000 M. beim Baufonds für Dienstgebäude, 600 000 M. und 100 000 M. bei den Wegebaufonds.

Die Beträge, welche infolge der durch das Budget erteilten Ermächtigung dem Ankaufsfonds zur Verstärkung des Kulturfonds entnommen worden sind, sind bei letzterem nachgewiesen.

Ertrag			Dauernde Ausgaben								Regierungsbezirk
Rückzahlungen auf die zur wirtschaftlichen Einrichtung bei Übernahme oder anderweiter Ausstattung einer Stelle gewährten Vorschüsse	Von den Forst-Akademien	Rohertrag zusammen (Spalte 5—12)	Kosten der Verwaltung und des Betriebes								(General-Staatskasse)
			Besoldungen								
			Für Oberforstmeister und Regierungs- und Forsträte		Für Oberförster, verwaltende Revierförster, den Verwalter des Tiergartens bei Cleve und den Verwalter der Olpe'r Forst		Für vollbeschäftigte Forstkassen-Rendanten		Für Revierförster, Förster, Förster o. R. und Waldwärter (einschl. Revierförster- und Hegemeister- Zulagen)		Für Beamte der Nebenbetriebs- Anstalten	
Mark			Stellenzahl	Mark	Stellenzahl[1]	Mark	Stellenzahl	Mark	Stellenzahl[2]	Mark	Mark	
11.	12.	13.	14.	15.	16.	17.	18.	19.	20.	21.	22.	
.	.	4 283 564	4	26 700	24	104 487	5	15 200	148	278 021	5 120	Königsberg.
.	.	4 955 107	5	24 600	28	105 150	7	20 375	161	331 513	5 160	Gumbinnen.
.	.	8 935 977	5	29 550	35	122 297	10	29 700	199	357 688	.	Allenstein.
.	.	3 931 672	4	23 100	23	92 463	2	4 400	147	261 013	.	Danzig.
.	.	9 934 688	8	35 700	48	174 929	13	38 050	279	525 883	1 750	Marienwerder.
.	21 600	10 891 142	6	40 200	45	245 127	9	32 350	242	563 933	1 625	Potsdam.
.	20 591	10 192 549	6	42 750	40	197 868	11	36 800	231	458 958	.	Frankfurt a. O.
.	.	5 978 594	4	29 100	26	131 809	9	31 000	134	302 518	8 780	Stettin.
.	.	2 318 531	3	17 100	15	67 039	2	7 500	92	180 742	950	Köslin.
.	.	1 134 742	1	7 200	6	35 475	2	6 500	50	100 925	.	Stralsund.
.	.	3 297 987	4	23 400	18	74 445	2	8 100	116	216 206	.	Posen.
.	16 852	4 340 856	4	24 700	24	105 608	4	15 150	139	260 967	700	Bromberg.
.	.	4 770 794	3	22 500	16	86 250	5	17 900	109	232 252	.	Breslau.
.	.	1 229 933	1	6 300	5	26 525	.	.	41	98 133	.	Liegnitz.
.	.	5 040 830	3	20 400	18	90 700	6	19 900	108	241 870	2 845	Oppeln.
.	.	2 953 836	3	16 650	19	105 218	6	18 150	102	255 325	1 800	Magdeburg.
.	.	5 295 543	4	22 850	22	111 633	4	10 775	127	276 358	1 200	Merseburg.
.	.	3 320 319	3	19 500	14	56 250	1	3 600	76	158 234	.	Erfurt.
.	.	1 738 171	3	17 550	15	72 600	.	.	80	135 042	.	Schleswig.
.	.	1 746 961	4	29 200	28	127 308	1	2 100	112	198 000	.	Hannover.
.	10 362	6 745 402	7	45 150	42	194 845	5	17 750	192	418 862	.	Hildesheim.
.	.	2 348 918	4	23 700	23	102 425	.	.	116	225 233	.	Lüneburg.
.	.	670 846	1	7 500	7	27 475	.	.	32	68 475	.	Stade.
.	.	470 465	1	7 500	5	22 300	.	.	26	53 235	.	Osnabrück (mit Aurich).
.	.	2 205 077	3	16 800	12	49 425	1	2 600	76	150 770	.	Minden (mit Münster).
.	.	1 202 446	3	18 300	10	39 603	1	3 000	43	95 700	.	Arnsberg.
.	10 004	7 084 974	13	84 600	88	382 075	3	6 050	415	836 525	.	Cassel.
.	23 192	2 422 770	7	42 450	58	244 675	4	11 000	106	223 042	.	Wiesbaden.
.	.	1 282 342	4	25 350	12	49 650	.	.	79	160 942	.	Coblenz.
.	.	1 191 985	1	6 900	6	31 850	1	3 300	41	83 500	.	Düsseldorf.
.	.	761 410	1	8 100	4	28 000	.	.	26	45 400	.	Cöln.
.	.	3 260 339	5	32 000	18	82 167	2	5 600	117	261 609	.	Trier.
.	.	1 269 096	3	18 300	10	43 142	.	.	55	103 025	.	Aachen.
.	.	13 023	.	.	4	14 837	.	.	.	.	.	Sigmaringen.
49 587	.	52 786	.	.	.	.	.	.	.	.	.	General-Staatskasse. Berlin (Ministerial- pp. und Baukommission).
49 587	102 601	127 273 675	131	815 700	768	3 445 650	116	366 850	4017	8 159 899	29 930	Zusammen

[1]) Ausschließlich der Oberförster ohne Revier (105), aber einschließlich der beiden verwaltenden Revierförster und der Verwalter des Tiergartens bei Cleve und der Olpe'r Forst. — [2]) Einschl. 1 Dünenaufseher, ausschl. 600 Förster o. R.

Zu Tabelle

Dauernde Kosten der Verwaltung und des Betriebes

Laufende Nummer	Regierungsbezirk (General-Staatskasse)	Betriebskosten									
		Zu Forstkulturen und zur Verbesserung der Forstgrundstücke	Zu Forstvermessungen und Betriebsregulierungen	Jagdverwaltungskosten und Wildschadenersatzgelder	Für Torfgrabereien	Für den Tiergarten bei Cleve und das Eichholz bei Arnsberg	Zu Separationen und Regulierungen, Prozeßkosten, Druckkosten und andere vermischte Ausgaben, bei denen keine Löhne vorkommen	Zur Bezeichnung und Berichtigung der Grenzen, Vorflutkosten, Holzverkaufs- und Verpachtungskosten, Botenlöhne und sonstige Ausgaben, bei denen Löhne vorkommen	Umzugskosten, Tagegelder und Reisekosten	Kosten für Vertilgung schädlicher Tiere	Zusammen (Spalte 37 bis 50)
		Mark									
		42.	43.	44.	45.	46.	47.	48.	49.	50.	51.
1	Königsberg	521 678	3 867	6 321	7 384	.	3 846	23 810	8 981	45 949	1 534 582
2	Gumbinnen	460 987	2 027	16 070	14 469	.	9 940	28 687	8 088	49 211	1 761 933
3	Allenstein	400 656	2 954	1 550	1 542	.	15 571	31 132	11 204	59 347	1 649 154
4	Danzig	434 615	3 680	695	.	.	5 994	10 697	8 027	11 820	1 103 722
5	Marienwerder	573 500	3 809	2 270	.	.	10 590	36 645	17 970	50 923	1 794 310
6	Potsdam	872 993	6 611	8 465	.	.	16 473	64 046	15 109	247 007	3 002 575
7	Frankfurt a. O.	490 030	2 713	5 963	1 202	.	6 815	31 646	8 339	157 330	1 902 959
8	Stettin	257 733	1 899	682	12 276	.	4 388	25 399	8 317	28 471	995 118
9	Köslin	133 596	1 647	250	.	.	1 326	8 505	4 567	7 994	457 397
10	Stralsund	111 828	1 068	143	.	.	1 958	8 731	1 427	1 187	400 853
11	Posen	225 972	4 140	3 416	.	.	11 705	23 439	9 986	131 207	912 833
12	Bromberg	268 446	1 488	460	.	.	3 459	23 866	10 914	61 846	866 112
13	Breslau	192 516	2 162	2 024	436	.	3 371	15 930	5 693	24 193	867 187
14	Liegnitz	63 516	150	85	184	.	1 978	4 544	1 582	27 412	259 142
15	Oppeln	156 845	397	1 649	.	.	4 479	34 895	2 892	89 340	909 806
16	Magdeburg	283 168	850	3 992	.	.	3 629	7 364	3 871	13 782	681 568
17	Merseburg	236 290	1 308	1 323	10 447	.	13 119	21 164	7 761	26 274	929 432
18	Erfurt	150 641	47	2 850	.	.	3 283	3 988	3 129	3 652	702 118
19	Schleswig	114 100	2 082	55	2 038	.	1 777	15 995	2 440	3 633	489 531
20	Hannover	110 969	259	818	476	.	2 407	8 393	6 070	2 897	388 080
21	Hildesheim	436 600	960	19 605	.	.	8 655	12 441	9 792	3 847	1 837 273
22	Lüneburg	188 958	897	432	1 010	.	4 132	32 503	4 426	3 781	680 591
23	Stade	44 769	434	65	310	.	2 070	7 071	621	1 894	168 114
24	Osnabrück (mit Aurich)	33 284	754	.	274	.	383	7 596	840	3 030	131 027
25	Minden (mit Münster)	129 132	912	7 084	.	.	7 655	8 750	6 568	1 292	667 829
26	Arnsberg	69 119	2 861	330	.	1 821	1 143	1 891	1 624	.	292 649
27	Cassel	664 720	4 389	7 081	90	.	16 307	18 272	15 665	12 697	2 153 580
28	Wiesbaden	160 725	2 277	2 211	.	.	5 272	8 778	8 034	1 250	731 387
29	Coblenz	99 566	2 603	309	.	.	3 615	4 812	2 446	668	464 091
30	Düsseldorf	61 130	1 032	169	.	10 071	786	7 338	4 567	449	247 558
31	Cöln	51 965	1 867	232	.	.	3 061	2 787	1 410	1 102	200 173
32	Trier	241 499	943	6 940	.	.	7 173	11 780	5 027	2 939	1 041 557
33	Aachen	177 262	5 553	1 972	.	.	2 210	10 811	1 641	2 015	461 443
34	Sigmaringen	.	.	.	.	.	137	.	1 185	.	2 211
35	General-Staatskasse	.	.	.	.	.	15 226	.	12 447	.	27 673
36	Berlin (Ministerial- pp. und Baukommission	.	.	.	.	.	.	.	.	.	.
	Zusammen	8 418 808	68 640	105 511	52 138	11 892	203 933	563 706	222 610	1 078 439	30 715 568

46 b.

Ausgaben

Betrag der Verwaltungs- und Betriebskosten (Spalte 29, 35 und 50)	Zu forstwissenschaftlichen und Lehrzwecken			Allgemeine Ausgaben						Regierungsbezirk (General-Staatskasse)
	Besoldungen und andere persönliche Ausgaben	Sonstige Ausgaben	Zusammen (Spalte 53 und 54)	Real- und Kommunallasten und Kosten der örtlichen Kommunal- und Polizei-Verwaltung in fiskalischen Guts- und Amtsbezirken	Ablösungsrenten und zeitweise Vergütungen an Stelle von Naturalabgaben	Beiträge zur Krankenversicherung der Arbeiter, Ausgaben auf Grund der Unfallversicherungsgesetze pp. und des Gesetzes über die Invalidenversicherung und Beiträge zum Pensionskassenverbande für Gemeindeforstschutzbeamte im Regierungsbezirk Wiesbaden	Zu Unterstützungen für ausgeschiedene Beamte, sowie zu Pensionen und Unterstützungen für Witwen und Waisen von Beamten	Kosten der dem Forstfiskus auf Grund rechtlicher Verpflichtung obliegenden Armenpflege	Zu Unterstützungen aus sonstiger Veranlassung, einschließl. zu einmaligen Unterstützungen für Personen, welche, ohne die Eigenschaft von Beamten zu haben, im Dienste d. Forstverwalt. beschäftigt sind, sowie für Hinterbliebene solcher Personen	
				Mark						
52.	53.	54.	55.	56.	57.	58.	59.	60.	61.	
2 180 633	.	.	.	127 554	73 839	27 313	10 728	18 322	2 375	Königsberg.
2 489 472	.	.	.	174 321	2 698	34 763	10 890	5 708	2 600	Gumbinnen.
2 510 558	.	.	.	93 319	1 034	41 698	9 510	3 403	4 850	Allenstein.
1 741 099	.	.	.	59 888	23 068	24 509	5 405	4 264	2 400	Danzig.
3 010 847	.	.	.	126 144	26 719	41 937	6 976	11 946	5 100	Marienwerder.
4 200 554	89 697	92 380	182 077	232 486	64 607	56 754	21 591	6 207	2 743	Potsdam.
2 921 348	4 574	31 189	35 763	128 719	4 556	37 213	8 388	4 281	2 377	Frankfurt a. O.
1 665 709	.	.	.	52 540	76 790	27 665	7 209	3 951	2 000	Stettin.
833 233	.	.	.	24 682	796	11 905	2 670	2 317	1 200	Köslin.
604 277	.	.	.	25 826	1 860	12 580	1 512	2 159	600	Stralsund.
1 415 604	.	.	.	33 809	1 398	17 353	3 340	4 919	1 800	Posen.
1 484 451	2 790	23 077	25 867	47 823	3 782	14 947	6 280	4 553	2 150	Bromberg.
1 349 434	.	.	.	57 990	23 893	28 554	8 517	725	1 866	Breslau.
427 264	.	.	.	17 914	6 150	7 722	3 414	273	500	Liegnitz.
1 425 103	.	.	.	52 069	7 868	23 681	7 055	166	1 519	Oppeln.
1 194 602	.	.	.	65 176	4 484	18 566	3 208	270	1 200	Magdeburg.
1 502 084	.	.	.	48 760	12 746	19 326	5 422	.	1 675	Merseburg.
1 037 423	.	.	.	18 670	4 518	16 747	3 140	.	1 100	Erfurt.
820 310	.	.	.	32 721	11 826	16 024	3 602	1 678	800	Schleswig.
909 219	.	.	.	44 266	72 317	15 443	7 252	.	800	Hannover.
2 769 517	70 193	42 381	112 574	125 969	119 544	36 769	6 406	31 156	3 862	Hildesheim.
1 179 025	.	.	.	71 491	6 918	17 860	3 666	300	1 572	Lüneburg.
316 031	.	.	.	26 400	2 322	4 110	1 178	.	400	Stade.
248 783	.	.	.	16 278	2 578	4 584	350	.	300	Osnabrück (m. Aurich).
1 001 133	.	.	.	67 331	2 371	16 637	3 880	.	900	Minden (m. Münster).
514 553	.	.	.	42 966	2 053	10 098	1 498	.	500	Arnsberg.
4 054 615	1 800	36 116	37 916	102 797	6 300	71 478	16 908	.	3 294	Cassel.
1 525 683	2 766	35 036	37 802	109 753	13 510	23 803	4 388	.	1 200	Wiesbaden.
824 200	.	.	.	45 082	8 020	13 217	1 434	.	800	Coblenz.
429 626	.	.	.	71 902	8 224	7 627	1 771	.	470	Düsseldorf.
330 750	.	.	.	29 214	3 837	4 409	2 080	.	300	Cöln.
1 610 765	.	.	.	171 070	45 636	29 266	2 369	.	1 600	Trier.
713 223	.	.	.	62 025	12 083	7 565	1 440	.	700	Aachen.
31 685	.	.	.	.	1 210	.	.	.	.	Sigmaringen.
92 622	4 600	14 272	18 872	.	.	.	.	.	.	General-Staatsk.
.	.	.	.	.	.	.	8 193	.	360	Berlin (Minist. pp. u. Baukommission).
49 364 935	176 420	274 451	450 871	2 406 955	659 555	742 123	191 670	106 598	55 913	Zusammen.

E

34

Zu Tabelle

Laufende Nummer	Regierungsbezirk (General-Staatskasse)	Dauernde Ausgaben		Betrag der dauernden Ausgaben (Spalte 52, 55 und 63)	Rein-Ertrag ohne Berücksichtigung der einmaligen Ausgaben (Spalte 13 weniger 64) *Die schrägen Zahlen sind Minuszahlen*	Einmalige und außerordentliche			
		Allgemeine Ausgaben				Zur Ablösung von Forst-Servituten, Reallasten und Passiv-Renten	Zum Ankauf und zur ersten Einrichtung von Grundstücken zu den Forsten	Zur versuchsweisen Beschaffung von Insthäusern für Arbeiter	Zur Herstellung von Fernsprech-anlagen
		Zum Ankauf von Grundstücken zu den Forsten	Zusammen (Spalte 56 bis 62)						
		Mark	Mark	Mark	Mark	Mark			
		62.	63.	64.	65.	66.	67.	68.	69.
1	Königsberg	50 188	310 319	2 490 952	1 792 612	3 760	22	16 313	8 897
2	Gumbinnen	144 599	375 579	2 865 051	2 090 056	1 582	11 600	1 010	12 803
3	Allenstein	715 670	869 484	3 380 042	5 555 935	51 109	71 743	16 438	15 265
4	Danzig	68 507	188 041	1 929 140	2 002 532	430	21 189	7 858	1 905
5	Marienwerder	257 072	475 894	3 486 241	6 448 447	230 402	42 600	.	7 624
6	Potsdam	81 795	466 183	4 848 814	6 042 328	2 248	20 957	8 515	10 477
7	Frankfurt a. O.	383 154	568 688	3 525 799	6 666 750	2 016	64 979	3 474	11 909
8	Stettin	.	170 155	1 835 864	4 142 730	394	.	.	15 205
9	Köslin	451 769	495 339	1 328 572	989 959	654	27 529	5 935	8 404
10	Stralsund	.	44 537	648 814	485 928	.	.	10 702	2 578
11	Posen	118 013	180 632	1 596 256	1 701 731	5 106	.	4 973	8 850
12	Bromberg	91 289	170 824	1 681 122	2 659 734	397	77 200	14 839	3 793
13	Breslau	674	122 219	1 471 653	3 299 141	.	.	.	145
14	Liegnitz	387	36 360	463 624	766 309	.	.	.	2 696
15	Oppeln	95	92 453	1 517 556	3 523 274	17 200	646	398	.
16	Magdeburg	.	92 904	1 287 506	1 666 330	.	.	.	3 421
17	Merseburg	10 723	98 652	1 600 736	3 694 807	3 753	.	.	.
18	Erfurt	71 213	115 388	1 152 811	2 167 508	400	.	.	5 880
19	Schleswig	167	66 818	887 128	851 043	1 073	.	.	3 598
20	Hannover	7 700	147 778	1 056 997	689 964	.	.	.	.
21	Hildesheim	15 782	339 488	3 221 579	3 523 823	19 652	.	.	1 614
22	Lüneburg	3	101 810	1 280 835	1 068 083	.	.	7 979	444
23	Stade	.	34 410	350 441	320 405	.	.	.	.
24	Osnabrück (mit Aurich)	.	24 090	272 873	197 592	.	.	.	.
25	Minden (mit Münster)	.	91 119	1 092 252	1 112 825	8	.	.	.
26	Arnsberg	83 382	140 497	655 050	547 396	17 190	.	.	2 372
27	Cassel	7 386	208 163	4 300 694	2 784 280	2 226	.	.	771
28	Wiesbaden	1 171	153 825	1 717 310	705 460	10 000	3 105	.	2 415
29	Coblenz	54 292	122 845	947 045	335 297	10	.	.	104
30	Düsseldorf	.	89 994	519 620	672 365	.	.	.	5 415
31	Cöln	22 471	62 311	393 061	368 349	.	.	.	.
32	Trier	41 523	291 464	1 902 229	1 358 110	.	.	.	3 971
33	Aachen	90 491	174 304	887 527	381 569	.	.	.	7 847
34	Sigmaringen	.	1 210	32 895	*19 872*	.	.	.	.
35	General-Staatskasse	.	.	111 494	*58 708*	.	.	.	.
36	Berlin (Ministerial- pp. u. Baukommission)	.	8 553	8 553	*8 553*	.	1 165 570	.	.
	Zusammen	2 769 516	6 932 330	56 748 136	70 525 539	369 610	1 507 140	98 434	148 403

46 b.

bezw. außeretatsmäßige Ausgaben				Bleibt Rein-Ertrag		Mithin beträgt der Rein-Ertrag (Spalte 75) vom baren Roh-Ertrage (Spalte 13 weniger 4)	Regierungsbezirk (General-Staatskasse)
Verlegung der Forstlehrlingsschule von Groß-Schönebeck nach Spangenberg	Beitrag zur Herstellung des Remoniensperrdeiches	Ankauf und erste Einrichtung von Gütern in den Provinzen Westpreußen und Posen als Grundstücke zu den Forsten	Zusammen (Spalte 66—72)	a) im ganzen (Spalte 65 weniger 73)	b) nach Abzug des Wertes der Freiholz-Abgaben (Spalte 74 weniger 4)		
Mark				Mark		%	
				Die schrägen Zahlen sind Minuszahlen			
70.	71.	72.	73.	74.	75.	76.	
.	110 000	.	138 992	1 653 620	1 581 237	37,55	Königsberg.
.	.	.	26 995	2 063 061	1 965 515	40,46	Gumbinnen.
.	.	.	154 555	5 401 380	5 323 191	60,10	Allenstein.
.	.	292 760	324 142	1 678 390	1 577 942	41,19	Danzig.
.	.	313 516	594 142	5 854 305	5 675 627	58,18	Marienwerder.
3 000	.	.	45 197	5 997 131	5 936 898	54,81	Potsdam.
.	.	.	82 378	6 584 372	6 533 275	64,42	Frankfurt a. O.
.	.	.	15 599	4 127 131	4 089 407	68,84	Stettin.
.	.	.	42 522	947 437	934 989	40,54	Köslin.
.	.	.	13 280	472 648	457 955	40,89	Stralsund.
.	.	2 301 693	2 320 622	*618 891*	*642 562*	.	Posen.
.	.	1 175 605	1 271 834	1 387 900	1 357 221	31,49	Bromberg.
.	.	.	145	3 298 996	3 276 734	69,01	Breslau.
.	.	.	2 696	763 613	755 910	61,85	Liegnitz.
.	.	.	18 244	3 505 030	3 474 353	69,35	Oppeln.
.	.	.	3 421	1 662 909	1 641 649	55,98	Magdeburg.
.	.	.	3 753	3 691 054	3 674 948	69,61	Merseburg.
.	.	.	6 280	2 161 228	2 143 565	64,90	Erfurt.
.	.	.	4 671	846 372	832 593	48,28	Schleswig.
.	.	.	.	689 964	681 034	39,18	Hannover.
.	.	.	21 266	3 502 557	3 256 592	50,11	Hildesheim.
.	.	.	8 423	1 059 660	1 039 993	44,65	Lüneburg.
.	.	.	.	320 405	316 074	47,42	Stade.
.	.	.	.	197 592	195 672	41,76	Osnabrück (mit Aurich).
.	.	.	8	1 112 817	1 075 130	49,60	Minden (mit Münster).
.	.	.	19 562	527 834	524 442	43,74	Arnsberg.
105 000	.	.	107 997	2 676 283	2 155 728	32,84	Cassel.
.	.	.	15 520	689 940	650 820	27,30	Wiesbaden.
.	.	.	114	335 183	329 371	25,80	Coblenz.
.	.	.	5 415	666 950	664 331	55,86	Düsseldorf.
.	.	.	.	368 349	367 134	48,29	Köln.
.	.	.	3 971	1 354 139	1 341 154	41,30	Trier.
.	.	.	7 847	373 722	372 098	29,36	Aachen.
.	.	.	.	*19 872*	*19 872*	.	Sigmaringen.
2 000	.	.	2 000	*60 708*	*60 708*	.	General-Staatskasse.
.	.	.	1 165 570	*1 174 123*	*1 174 123*	.	Berlin (Ministerial- pp. u. Baukommission.
110 000	110 000	4 083 574	6 427 161	64 098 378	62 305 317	49,65	Zusammen.

Tabelle
Übersicht über die Einnahmen und Ausgaben

Nummer	Regierungsbezirk	Flächeninhalt (in Übereinstimmung mit Nachweisung 37c)			Roh-Einnahme (Isteinnahme außer Einnahme für Jagd zuzüglich Taxverlust für Freiholzabgaben)		Istausgabe		Summe		Einnahme-überschuß	
		a. Holz-boden	b. Nicht-holz-boden	Zu-sammen (a+b)	im ganzen	für 1 ha der Gesamtfläche (Sp. 3)	Personal-aufwand für Ver-waltung und Schutz (außer Kassen-führung)	Aufwand für den Betrieb	im ganzen (Sp. 6 u. 7)	in % der Roheinnahme	im ganzen (Sp. 4—8)	für 1 ha der Gesamtfläche (Sp. 3)
		Hektar			Mark	Pf.	Mark			%	Mark	Pf.
		1.	2.	3.	4.	5.	6.	7.	8.	9.	10.	11.
1	Königsberg	88 931	33 694	122 625	4 268 784	34 81	757 266	1 635 512	2 392 778	56 05	1 876 006	15 30
2	Gumbinnen	125 244	35 437	160 681	4 941 736	30 75	864 265	1 797 446	2 661 711	53 86	2 280 025	14 19
3	Allenstein	177 355	39 309	216 664	8 922 649	41 18	929 313	1 676 850	2 606 163	29 21	6 316 486	29 15
4	Danzig	119 591	14 272	133 863	3 923 318	29 31	747 649	1 087 372	1 835 021	46 77	2 088 297	15 60
5	Marienwerder	230 501	29 092	259 593	9 917 756	38 21	1 356 834	1 804 023	3 160 857	31 87	6 756 899	26 03
6	Potsdam	204 999	21 696	226 695	10 839 194	47 81	1 472 688	3 037 359	4 510 047	41 61	6 329 147	27 92
7	Frankfurt a. O.	190 307	15 845	206 152	10 171 221	49 34	1 134 724	1 897 380	3 032 104	29 81	7 139 117	34 63
8	Stettin	106 842	12 067	118 909	5 958 287	50 11	734 016	1 047 154	1 781 170	29 89	4 177 117	35 13
9	Köslin	69 418	7 074	76 492	2 809 657	30 19	405 145	452 804	857 949	37 15	1 451 708	18 98
10	Stralsund	25 193	3 007	28 200	1 126 893	39 96	231 230	402 494	633 724	56 24	493 169	17 49
11	Posen	89 172	8 876	98 048	3 286 436	33 52	550 593	897 312	1 447 905	44 06	1 838 531	18 75
12	Bromberg	126 804	12 500	139 304	4 332 617	31 10	695 784	829 060	1 524 844	35 19	2 807 773	20 16
13	Breslau	57 324	4 893	62 217	4 756 876	76 46	564 060	889 456	1 435 516	30 18	3 321 360	53 38
14	Liegnitz	22 206	1 413	23 619	1 227 618	51 98	196 829	257 840	454 669	37 04	772 949	32 73
15	Oppeln	73 218	4 423	77 641	5 030 407	64 79	549 033	934 557	1 483 590	29 49	3 546 817	45 68
16	Magdeburg	63 365	6 061	69 426	2 921 069	42 07	530 857	715 833	1 246 690	42 68	1 674 379	24 12
17	Merseburg	71 709	6 901	78 610	5 279 034	67 15	639 090	911 479	1 550 569	29 37	3 728 465	47 43
18	Erfurt	36 197	1 003	37 200	3 314 606	89 10	367 153	695 466	1 062 619	32 06	2 251 987	60 54
19	Schleswig	37 918	7 155	45 073	1 724 982	38 27	377 968	499 857	877 825	50 89	847 157	18 80
20	Hannover[1]	27 620	3 184	30 804	1 542 407	50 07	365 509	472 985	838 494	54 36	703 913	22 85
21	Hildesheim	101 021	4 639	105 660	6 722 681	63 63	1 034 708	1 996 911	3 031 619	45 08	3 691 062	34 93
22	Lüneburg	75 537	7 988	83 525	2 329 545	27 89	582 394	682 912	1 265 306	54 32	1 064 239	12 74
23	Stade	17 404	3 965	21 369	667 192	31 22	177 517	169 839	347 356	52 06	319 836	14 97
24	Osnabrück mit Aurich	14 817	1 446	16 263	469 409	28 86	130 240	139 843	270 083	57 54	199 326	12 26
25	Minden mit Münster	34 638	1 567	36 205	2 197 457	60 69	453 362	618 092	1 071 454	48 76	1 126 003	31 10
26	Arnsberg	22 476	812	23 288	1 197 552	51 42	261 043	300 605	561 648	46 90	635 904	27 31
27	Cassel	201 011	6 972	207 983	7 051 436	33 90	2 065 823	2 138 684	4 204 507	59 63	2 846 929	13 69
28	Wiesbaden	51 582	1 698	53 280	2 399 628	45 04	864 099	777 158	1 641 257	68 40	758 371	14 23
29	Coblenz	29 396	881	30 277	1 272 559	42 03	470 885	408 644	879 529	69 11	393 030	12 98
30	Düsseldorf	16 900	2 172	19 072	1 176 717	61 70	209 812	297 739	507 551	43 13	669 166	35 09
31	Cöln	13 728	880	14 608	742 095	50 80	146 881	221 946	368 827	49 70	373 268	25 55
32	Trier	63 720	2 129	65 849	3 246 098	49 30	660 883	1 174 660	1 835 543	56 55	1 410 555	21 42
33	Aachen	32 601	1 061	33 662	1 262 185	37 50	313 434	477 847	791 281	62 69	470 904	18 99
	Zusammen	2 618 745	304 112	2 922 857	126 530 101	43 29	20 823 087	31 347 119	52 170 206	41 23	74 359 895	25 44

[1] Ausschl. der auf die Klosterkammer entfallenden Beträge.

46 c.

der Staatsforsten im Etatsjahre 1907.

Unter den Einnahmen sind begriffen					Unter den Ausgaben sind begriffen											
Holzertrag (Isteinnahme einschließlich Taxverlust für Freiholzabgaben)						Personalaufwand				sachlicher Aufwand						
		hiervon				für Lokalverwaltung (höhere Beamte)		für Forstschutz (mittlere und Unterbeamte)		Holzhauer- und Rückerlöhne (Kap. 2 Tit. 16 voll)	Forstkulturkosten mit Ausschluß der Wegebaukosten, Fischereikosten und der Kosten für landwirtschaftliche Meliorationen		Baukosten für Wege, Triftanlagen und Waldbahnen		Kosten für Arbeiterversicherung (Kap. 4 Tit. 2a voll)
im ganzen	für 1 ha der Holzbodenfläche (Sp. 1)	Nutzholz		Brennholz		Isteinnahme aus Forstnebennutzungen (Kap. 2 Tit. 2, 4, 8 u. 10)	im ganzen	für 1 ha der Gesamtfläche (Sp.3)	im ganzen	für 1 ha der Gesamtfläche (Sp.3)		im ganzen	für 1 ha Holzboden (Sp. 1)	im ganzen	für 1 ha Holzboden (Sp. 1)	
Mark	%	Mark	%	Mark	%	Mark										
12.	13.	14.	15.	16.	17.	18.	19.	20.	21.	22.	23.	24.	25.	26.	27.	28.
3 850 373	43,30	2 617 982	68	1 232 391	32	403 465	163 881	1,34	410 270	3,35	577 680	351 145	3,95	291 316	3,28	27 313
4 262 948	34,04	2 875 105	67	1 387 843	33	667 769	167 061	1,04	487 001	3,03	760 932	166 233	1,83	312 834	2,50	34 763
8 521 767	48,05	7 295 179	86	1 226 588	14	373 410	209 489	0,97	557 998	2,58	878 902	303 592	1,71	113 276	0,64	41 698
3 741 629	31,29	2 920 347	78	821 282	22	169 051	159 221	1,19	417 914	3,12	326 066	333 466	2,80	227 417	1,90	24 509
9 558 150	41,47	7 815 844	82	1 742 306	18	346 642	289 182	1,11	804 371	3,11	714 367	449 895	1,95	240 984	1,04	41 937
10 230 582	49,91	7 741 345	76	2 489 237	24	488 974	369 512	1,63	732 119	3,23	955 158	414 610	2,03	861 424	4,20	56 754
9 804 331	51,52	8 228 167	84	1 576 164	16	319 284	284 589	1,38	613 821	2,98	817 662	386 440	2,03	277 184	1,46	37 213
5 689 554	53,25	4 463 083	78	1 226 471	22	249 143	190 865	1,61	387 109	3,26	465 191	188 535	1,76	137 457	1,29	27 665
2 216 010	31,92	1 549 613	70	666 397	30	90 316	96 496	1,26	235 170	3,07	186 515	94 255	1,36	74 119	1,07	11 905
1 053 138	41,80	732 775	70	320 363	30	72 498	46 604	1,65	131 367	4,66	189 518	79 546	3,16	39 126	1,55	12 580
3 094 073	34,70	2 397 221	77	696 852	23	188 038	125 896	1,28	319 879	3,26	377 572	158 495	1,78	84 024	0,94	17 353
4 096 196	32,30	3 186 480	78	909 716	22	213 422	166 572	1,20	387 103	2,78	332 806	216 934	1,71	90 362	0,71	14 947
4 568 183	79,69	3 823 976	84	744 207	16	183 172	127 606	2,05	308 216	4,95	459 642	117 986	2,06	150 623	2,63	28 554
1 186 413	54,43	1 042 558	88	143 855	12	39 366	36 000	1,52	120 918	5,12	113 763	34 898	1,57	44 446	2,00	7 722
4 897 944	66,90	4 415 343	90	482 601	10	124 726	128 849	1,66	336 173	4,33	494 080	96 627	1,82	102 356	1,40	23 681
2 688 625	42,43	2 115 209	79	573 416	21	218 010	145 407	2,09	306 411	4,41	254 526	211 023	3,33	122 580	1,93	18 566
4 914 666	68,54	4 010 877	82	903 789	18	335 014	154 566	1,97	363 190	4,62	410 199	177 110	2,47	162 480	2,27	19 326
3 284 241	90,73	2 485 441	76	798 800	24	28 002	84 107	2,26	214 096	5,76	451 750	51 426	1,42	142 513	3,94	16 747
1 629 139	42,96	1 056 777	65	572 362	35	90 485	109 050	2,42	187 504	4,16	277 824	80 006	2,11	50 162	1,32	16 024
1 475 029	53,40	1 116 357	76	358 672	24	54 103	113 973	3,70	176 212	5,72	204 208	52 374	1,90	68 114	2,47	15 443
6 391 951	63,27	4 906 645	77	1 485 306	23	262 291	284 171	2,69	546 287	5,17	1 079 701	128 046	1,27	426 223	4,22	36 769
2 191 451	29,01	1 624 781	74	566 670	26	125 204	151 690	1,82	301 181	3,61	310 197	127 386	1,69	87 161	1,15	17 860
646 290	37,13	544 009	84	102 281	16	20 023	43 863	2,05	90 783	4,25	69 525	38 180	2,19	18 241	1,05	4 110
428 652	28,93	361 501	84	67 151	16	40 345	31 551	1,94	72 704	4,47	61 516	22 902	1,55	21 140	1,43	4 584
2 151 615	62,12	1 583 333	74	568 282	26	40 588	82 501	2,28	214 911	5,94	324 743	63 081	1,82	124 726	3,60	16 637
1 155 291	51,40	940 489	81	214 802	19	19 246	60 293	2,60	124 723	5,36	129 616	32 242	1,43	73 469	3,27	10 098
6 665 368	33,16	3 752 454	56	2 912 914	44	258 586	563 639	2,71	1 176 004	5,65	1 107 139	320 319	1,59	463 226	2,30	71 478
2 159 405	41,67	854 407	39	1 304 998	61	118 653	371 547	6,99	330 504	6,20	436 874	81 089	1,57	88 868	1,72	23 803
1 215 950	41,36	725 615	60	490 335	40	23 710	78 572	2,60	233 336	7,71	209 722	57 376	1,95	66 161	2,25	13 217
946 288	55,99	807 727	85	138 561	15	228 568	47 267	2,48	121 954	6,39	109 767	54 704	3,24	24 882	1,44	7 627
625 703	45,58	552 074	88	73 629	12	92 797	40 526	2,77	82 835	5,69	106 514	42 833	3,12	27 212	1,98	4 409
3 093 674	48,55	1 867 092	60	1 226 582	40	142 069	127 947	1,94	388 608	5,90	550 381	122 458	1,92	219 696	3,45	29 266
1 242 735	38,12	1 059 355	85	183 380	15	13 358	67 682	2,01	160 277	4,76	174 195	109 889	3,37	100 619	3,09	7 565
119 677 364	45,70	91 469 161	76	28 208 203	24	6 040 328	5 120 175	1,75	11 340 949	3,88	13 918 251	5 165 101	1,97	5 333 921	2,04	742 123

Tabelle

Nachweisung der Reinerträge

Lfd. Nr.	Regierungsbezirk	Gesamt-fläche	Gesamt-Einnahme einschl. des Taxverlustes durch Freiholz-Abgaben				Gesamt-Ausgaben ausschl. der Ausgaben in Spalte 16				Mithin Reinertrag (Spalte 4-6)			
			im ganzen		für 1 ha		im ganzen		für 1 ha		im ganzen		für 1 ha	
		ha	Mark		Mark	Pf.	Mark		Mark	Pf.	Mark		Mark	Pf.
1.	2.	3.	4.		5.		6.		7.		8.		9.	
1	Königsberg	122 625	4 283 564		34	93	2 579 734		21	04	1 703 830		13	89
2	Gumbinnen	160 681	4 955 107		30	84	2 735 847		17	03	2 219 260		13	81
3	Allenstein	216 664	8 935 977		41	24	2 747 185		12	68	6 188 792		28	56
4	Danzig	133 863	3 931 672		29	37	1 870 826		13	98	2 060 846		15	39
5	Marienwerder	259 593	9 934 688		38	27	3 467 196		13	36	6 467 492		24	91
6	Potsdam	226 695	10 891 142		48	04	4 606 183		20	32	6 284 959		27	72
7	Frankfurt a. O.	206 152	10 192 549		49	44	3 124 279		15	15	7 068 270		34	29
8	Stettin	118 909	5 978 594		50	28	1 851 463		15	57	4 127 131		34	71
9	Köslin	76 492	2 318 531		30	31	891 796		11	66	1 426 735		18	65
10	Stralsund	28 200	1 134 742		40	24	662 094		23	48	472 648		16	76
11	Posen	98 048	3 297 987		33	64	1 497 172		15	27	1 800 815		18	37
12	Bromberg	139 304	4 340 856		31	16	1 582 994		11	36	2 757 862		19	80
13	Breslau	62 217	4 770 794		76	68	1 471 124		23	64	3 299 670		53	04
14	Liegnitz	23 619	1 229 933		52	08	465 933		19	73	764 000		32	35
15	Oppeln	77 641	5 040 830		64	92	1 535 059		19	77	3 505 771		45	15
16	Magdeburg	69 426	2 953 836		42	54	1 290 927		18	59	1 662 909		23	95
17	Merseburg	78 610	5 295 543		67	36	1 593 766		20	27	3 701 777		47	09
18	Erfurt	37 200	3 320 319		89	25	1 087 878		29	24	2 232 441		60	01
19	Schleswig	45 073	1 738 171		38	56	891 631		19	78	846 540		18	78
20	Hannover[1])	30 805	1 548 482		50	27	851 271		27	64	697 211		22	63
21	Hildesheim	105 660	6 745 402		63	84	3 114 488		29	48	3 630 914		34	36
22	Lüneburg	83 524	2 348 918		28	12	1 289 255		15	44	1 059 663		12	68
23	Stade	21 369	670 846		31	39	350 441		16	40	320 405		14	99
24	Osnabrück (mit Aurich)	16 263	470 465		28	93	272 873		16	78	197 592		12	15
25	Minden (mit Münster)	36 205	2 205 077		60	91	1 092 260		30	17	1 112 817		30	74
26	Arnsberg	23 288	1 202 446		51	63	591 230		25	39	611 216		26	24
27	Cassel	207 983	7 084 974		34	06	4 258 389		20	47	2 826 585		13	59
28	Wiesbaden	53 280	2 422 770		45	47	1 690 752		31	73	732 018		13	74
29	Coblenz	30 277	1 282 342		42	35	892 868		29	49	389 474		12	86
30	Düsseldorf[2])	19 072	1 191 985		62	50	525 035		27	53	666 950		34	97
31	Cöln	14 608	761 410		52	12	370 590		25	37	390 820		26	75
32	Trier	65 849	3 260 339		49	51	1 864 677		28	32	1 395 662		21	19
33	Aachen	33 662	1 269 096		37	70	804 883		23	91	464 213		13	79
	Zusammen	2 922 857	127 009 387		43	45	53 922 099		18	45	73 087 288		25	00

[1]) Ausschl. Klosterforsten. — [2]) Einschl. Tiergarten.
In der vorjährigen Nachweisung (1906) muß es in der Schlußsumme bei Spalte 6 lauten 49 237 682 (statt 49 273 682) und in Spalte 9: 23,89 (statt 23,80).

46 d.

für das Etatsjahr 1907.

Von der Einnahme entfallen auf		Von der Ausgabe in Spalte 6 entfallen auf				Außerdem haben die Ausgaben für forstwissenschaftliche und Lehrzwecke, zur Errichtung von Forstlehrlingsschulen und bei den verschiedenen Ankaufsfonds einschl. des Hundertmillionenfonds zusammen betragen	Regierungsbezirk
die Erträge aus der Jagd	Beiträge von Dritten zur Besoldung der Beamten	Kosten für Werbung und Transport von Holz u. anderen Forstprodukten und Betriebskosten für Torfgräbereien	Kulturkosten und zwar auf Kap. 1—7 und 9—11 des Kulturplanes	Jagdverwaltungskosten und Wildschaden-Ersatzgelder	Kosten für alle übrigen Zwecke (Spalte 6 — [12 + 13 + 14])		
Mark	Mark	Mark	Mark	Mark	Mark	Mark	
10.	11.	12.	13.	14.	15.	16.	17.
14 780	4 000	585 064	413 140	6 321	1 575 209	50 210	Königsberg.
13 371	.	775 401	301 168	16 070	1 643 208	156 199	Gumbinnen.
13 328	.	880 444	369 387	1 550	1 495 804	787 413	Allenstein.
8 354	.	326 066	356 548	695	1 187 517	382 456	Danzig.
16 932	.	714 367	512 346	2 270	2 238 213	613 187	Marienwerder.
51 948	.	955 158	448 323	8 465	3 194 237	287 828	Potsdam.
21 328	.	818 864	409 500	5 963	1 889 952	483 897	Frankfurt a. O.
20 306	.	477 467	208 553	682	1 164 761	.	Stettin.
8 874	.	186 515	106 043	250	598 988	479 298	Köslin.
7 849	.	189 518	87 802	143	384 631	.	Stralsund.
11 551	.	377 592	197 065	3 416	919 099	2 419 706	Posen.
8 239	.	332 786	241 469	460	1 008 279	1 369 963	Bromberg.
13 918	.	460 078	130 145	2 024	878 877	674	Breslau.
2 315	.	113 947	37 221	85	314 680	387	Liegnitz.
10 423	.	494 080	120 283	1 649	919 047	741	Oppeln.
32 767	.	254 526	219 869	3 992	812 540	.	Magdeburg.
16 509	.	420 646	189 174	1 323	982 623	10 723	Merseburg.
5 713	.	451 750	52 053	2 850	581 225	71 213	Erfurt.
13 189	.	279 862	80 211	55	531 503	167	Schleswig.
6 075	5 463	204 684	52 374	818	593 395	7 700	Hannover.
22 721	16 356	1 079 701	132 640	19 605	1 882 542	128 356	Hildesheim.
19 373	.	311 207	143 853	432	833 763	3	Lüneburg.
3 654	.	69 835	38 988	65	241 553	.	Stade.
1 056	.	61 790	23 370		187 713	.	Osnabrück (mit Aurich).
7 620	1 430	324 743	63 142	7 084	697 291	.	Minden (mit Münster).
4 894	5 234	129 616	33 854	330	427 430	83 382	Arnsberg.
33 538	57 982	1 107 229	332 066	7 081	2 812 013	150 302	Cassel.
23 142	90 310	436 874	91 200	2 211	1 160 467	42 078	Wiesbaden.
9 783	28 652	209 722	61 965	309	620 872	54 292	Coblenz.
¹) 15 289	.	²) 112 160	56 406	169	356 300	.	Düsseldorf.
19 315	2 492	106 514	44 493	232	219 351	22 471	Cöln.
14 241	1 123	550 381	124 925	6 940	1 182 431	41 523	Trier.
6 911	.	174 195	112 153	1 972	516 563	90 491	Aachen.
479 306	213 042	13 972 782	5 791 729	105 511	34 052 077	7 734 660	Zusammen

¹) Einschl. 21 M. für Tiergarten. — ²) Einschl. 2392,80 M. für Tiergarten.

Tabelle 47.
Vergleichung der Einnahmen und Ausgaben für Torfgräbereien der Staatsforstverwaltung während der Jahre 1904—1907.

Jahr	Einnahme Mark	Ausgabe (Betriebskosten ausschl. Besoldungen) Mark	Überschuß Mark	Jahr	Einnahme Mark	Ausgabe (Betriebskosten ausschl. Besoldungen) Mark	Überschuß Mark
1904	186 634	60 753	125 881	1906	181 147	51 674	129 473
1905	170 958	58 663	112 295	1907	165 405	52 138	113 267

Tabelle 49.
Übersicht über die auf 1 ha der nutzbaren Fläche entfallenden dauernden Ausgabe-Beträge in Mark.

Laufende Nummer	Etats- jahr	Verwaltungskosten				Betriebskosten					Ausgaben zu forst- wissen- schaftlichen und Lehr- zwecken	Zu- sammen (Spalten 6, 11, 12)
		Unter- haltung der Forst- beamten: Besoldung, Dienstauf- wand, Wohnung	Unter- stützung der Beamten und ihrer Hinter- bliebenen	Kosten der Geld- erhebung und Aus- zahlung	Zu- sammen (Spalten 3—5)	Kosten für Werbung und Transport von Holz und anderen Forst- produkten	Kulturen und Betriebs- ein- richtungen	Steuern, Abgaben, Renten	Sonstige Aus- gaben	Zu- sammen (Spalten 7—10)		
1.	2.	3.	4.	5.	6.	7.	8.	9.	10.	11.	12.	13.
1	1903	6,68	0,15	0,31	7,14	5,06	2,61	0,84	3,56	12,07	0,10	19,31
2	1904	6,72	0,14	0,31	7,17	4,87	2,72	0,89	2,75	11,23	0,09	18,49
3	1905	6,74	0,15	0,31	7,20	4,60	2,67	0,80	2,95	11,12	0,10	18,42
4	1906	6,80	0,17	0,31	7,28	4,55	2,93	0,94	4,07	12,49	0,14	19,91
5	1907	7,40	0,18	0,31	7,89	4,97	3,03	1,10	3,12	12,22	0,16	20,27

Tabelle 52a.
Nachweisung der während des Jahres 1908 vorgekommenen erheblicheren Brände in den Staatswaldungen und der hierdurch vernichteten Holzbestände.

Laufende Nummer	Provinz	Zahl der Brände	Es ist vernichtet				Bemerkungen
			der Bestand ganz oder zum größten Teil ha	der Bestand nur zum kleinen Teil ha	nur die Bodendecke ha	Gesamtfläche ha	
1	Ostpreußen	.	.	.	.	.	
2	Westpreußen	.	.	.	.	.	
3	Brandenburg	[1])3	17,5	5,5	9,9	32,9	[1]) Davon 1 durch Herab- fallen eines mit Spi- ritusflamme versehenen Papierballons.
4	Pommern	1	2	.	.	2	
5	Posen	2	4,5	4,0	5,8	14,3	
6	Schlesien	2	.	.	1,7	1,7	
7	Sachsen	.	.	.	.	.	
8	Schleswig	1	6,5	.	14,5	21	
9	Hannover	2	15	.	3	18	
10	Westfalen mit Schaumburg	.	.	.	.	.	
11	Hessen-Nassau ohne Schaumburg	.	.	.	.	.	
12	Rheinprovinz	.	.	.	.	.	
	Zusammen	11	45,5	9,5	34,9	89,9	

Tabelle 54b.

Vergleichung des Flächeninhalts sowie des Holzeinschlags, der Einnahme, der Ausgabe und des Reinertrages in den Jahren 1903—1907 mit den Ergebnissen des Jahres 1868, letztere gleich 100 gerechnet.

Etatsjahr	Nutzbare Fläche	Gesamtfläche	Holzeinschlag		Roh-Ertrag			Dauernde Ausgabe								Rein-Ertrag
			Derbholz	Stock- und Reisigholz	Für Holz	Sonstige Einnahmen	Zusammen	Persönliche Kosten	sächliche Kosten					Zu forstwissenschaftlichen und Lehrzwecken	Betrag der Ausgaben	
									Werbungs- usw. Kosten	Kultur- usw. Kosten	Steuern und Renten	Sonstige Ausgaben	Zusammen			
1.	2.	3.	4.	5.	6.	7.	8.	9.	10.	11.	12.	13.	14.	15.	16.	17.
1903	109,5	108,8	219	104	271	133	256	226	231	279	237	286	255	342	244	267
1904	110,0	109,3	203	103	286	141	270	228	223	292	252	222	239	331	235	305
1905	111,5	110,8	191	99	287	141	272	232	213	291	260	242	240	364	237	306
1906	112,4	111,6	190	98	289	150	274	236	213	321	270	335	271	523	258	290
1907	112,8	112,2	196	95	310	159	293	257	234	334	317	258	266	592	264	322

Tabelle 56b u. c.

Nachweisung über die Zahl der Studierenden auf den Forst-Akademien Eberswalde und Münden für die Zeit vom Sommerhalbjahr 1908 bis zum Winterhalbjahr 1908/09.

Halbjahr	Studierende, die den Vorbedingungen für den Eintritt in die Preußische Forstverwaltungs-Laufbahn Genüge geleistet hatten						Studierende, die den Vorbedingungen für den Eintritt in die Preußische Forstverwaltungs-Laufbahn nicht Genüge geleistet hatten und Hospitanten				Zusammen Studierende
	Zivil-Forst-Beflissene	Mitglieder		Zusammen	Davon waren		Preußen	Angehörige anderer deutscher Staaten	Ausländer	Zusammen	
		des reitenden Feldjägerkorps	der Jäger-Bataillone		Preußen	Angehörige anderer deutscher Staaten					
1.	2.	3.	4.	5.	6.	7.	8.	9.	10.	11.	12.
a. Eberswalde.											
Sommer 1908	16	5	.	21	21	.	9	9	11	29	50
Winter 1908/09	30	8	.	38	38	.	11	11	10	32	70
b. Münden.											
Sommer 1908	50	8	.	58	53	5	9	3	8	20	78
Winter 1908/09	52	8	.	60	58	2	10	6	11	27	87

42

Tabelle 58. Übersicht über die verausgabten Kultur- und

Laufende Nummer	Regierungsbezirk	Zur Holzzucht bestimmte Fläche	Kapitel I für Nachbesserungen			Kapitel II für neue Kulturen			Kapitel III für Anlegung und Unterhaltung von Saat- und Pflanz-Kämpen		
		ha	ha	dec	Mark	Pf.	ha	dec	Mark	Pf.	ha	dec	Mark	Pf.
1.	2.	3.	4.		5.		6		7.		8.		9.	
1	Königsberg	88 931	476	018	39 651	88	749	465	167 608	17	71	722	63 290	13
					1	*20*			*2*	*40*				
2	Gumbinnen	125 244	373	754	27 332	94	718	025	42 078	43	47	555	32 402	13
													1	*60*
3	Allenstein	177 355	1 050	119	67 416	15	2 233	223	89 046	51	75	482	44 353	01
					29	*.*			*3*	*40*			*1*	*20*
4	Danzig	119 591	548	233	47 725	13	1 482	247	167 320	34	44	528	37 976	42
					37	*40*			*151*	*25*			*149*	*81*
5	Marienwerder	230 501	1 119	260	80 625	18	3 052	210	160 838	83	88	453	75 456	30
					9	*20*			*1*	*.*			*26*	*60*
6	Potsdam	204 999	1 094	432	101 525	94	1 243	215	94 679	69	78	500	69 091	03
					25				*6*	*.*				
7	Frankfurt a. O.	190 307	941	609	77 557	56	1 737	859	132 327	04	91	564	44 587	74
					1	*.*							*1*	*.*
8	Stettin	106 843	378	344	36 666	32	596	081	50 430	89	20	481	24 483	57
													3	*60*
9	Köslin	69 418	263	172	13 668	06	1 048	206	42 691	34	14	846	10 312	66
10	Stralsund	25 193	201	004	21 604	61	395	807	16 641	23	12	489	12 076	45
11	Posen	89 172	538	553	34 563	35	709	601	36 161	37	45	401	23 431	09
					15	*.*			*16*	*20*			*50*	*40*
12	Bromberg	126 804	842	516	45 858	01	1 419	354	71 045	13	48	002	28 685	24
					44	*.*			*17*	*.*			*12*	*.*
13	Breslau	57 324	298	195	25 395	46	425	983	38 146	33	25	144	21 208	77
14	Liegnitz	22 206	93	925	5 095	20	220	480	12 385	76	12	816	8 036	22
15	Oppeln	73 218	257	896	17 471	92	458	347	33 394	30	15	653	11 602	23
					6	*20*			*25*	*60*			*1*	*60*
16	Magdeburg	63 365	222	528	21 683	09	2 919	962	78 839	79	29	820	21 295	89
17	Merseburg	71 709	280	944	22 802	22	664	303	46 769	30	22	009	17 467	73
18	Erfurt	36 197	124	932	8 985	19	193	898	17 967	99	8	147	11 160	07
19	Schleswig	37 917	256	629	20 688	55	318	998	24 989	25	6	730	14 771	59
20	Hannover	27 620	136	737	8 165	86	185	517	16 675	24	5	758	8 760	56
21	Hildesheim	101 021	361	608	26 704	65	401	020	35 793	25	19	972	36 587	70
22	Lüneburg	75 537	234	814	17 899	67	552	698	50 921	69	18	532	26 495	47
23	Stade	17 404	114	403	7 764	69	123	927	13 910	28	3	690	5 755	80
24	Osnabrück (mit Aurich)	14 817	36	599	3 295	18	132	312	9 527	38	2	589	2 836	06
25	Minden (mit Münster)	34 638	248	712	12 863	46	122	708	15 123	01	6	322	12 980	92
26	Arnsberg	22 476	64	567	3 879	99	142	432	10 485	50	9	001	9 941	65
27	Cassel	201 011	784	557	63 491	54	1 112	068	103 314	71	38	900	65 729	24
					4	*20*			*2*	*60*			*3*	*90*
28	Wiesbaden	51 582	186	970	14 853	77	242	147	21 440	53	17	124	23 747	.
29	Coblenz	29 396	108	626	6 419	32	301	119	21 294	17	17	926	19 265	22
30	Düsseldorf¹)	16 900	97	826	8 278	07	203	833	18 531	73	9	356	9 316	23
31	Cöln	13 728	70	679	9 379	64	97	587	12 375	27	7	232	11 075	07
32	Trier	63 720	270	117	19 027	68	642	113	42 945	89	12	335	27 435	89
33	Aachen	32 601	124	839	9 611	94	467	957	39 714	56	11	266	31 774	50
	Zusammen	2 618 745	12 203	117	927 952	22	25 314	702	1 735 414	90	939	345	863 389	58
					147	*45*			*225*	*45*			*251*	*71*

¹) Einschl. Tiergarten. — Anmerkung: Die schrägen Zahlen geben den Wert der verwendeten Forststrafarbeit an.

43

Kommunikationswegebaugelder für das Etatsjahr 1907.

Kulturgelder

Kapitel IV für Anschaffung von Samen und Ankauf von Pflanzen		Kapitel V für Bewährungen und Verhegungen		Kapitel VI für Unterhaltung alter Abzugsgräben und sonstiger Entwässerungs-Anlagen		für Herstellung neuer		Kapitel VII Für Anschaffung und Unterhaltung der Kulturgeräte		Kapitel XI Insgemein		Zusammen Kapitel I—VII und XI Gesamt-Ausgabe		durchschnittlich für 1 ha Holzboden ausschl. der Kosten für Samendarren		Laufende Nummer
Mark	Pf.	Mark	Pf.	Mark	Pf.	Mark	Pf.	Mark	Pf.	Mark	Pf.	Mark	Pf.	Mark	Pf.	
10.		11.		12.		13.		14.		15.		16.		17.		
15 031	34	15 912	58	6 419	17	1 935	83	2 999	08	38 296	76	351 144	94	3	95	1
												3	60			
4 871	11	17 204	56	9 043	05	5 851	68	3 256	87	24 192	68	166 233	45	1	33	2
				16	80							18	40			
22 756	49	7 563	22	1 674	53	27	64	8 791	67	61 962	45	303 591	67	1	71	3
												33	60			
10 707	58	7 134	74	3 716	04	1 033	31	28 006	13	29 845	93	333 465	62	2	79	4
		8	.	44	.	2	40			410	25	803	11			
14 346	12	8 568	48	2 986	73	773	87	14 239	60	92 060	30	449 895	41	1	95	5
		13	90							256	08	306	78			
18 023	19	63 802	99	7 130	36	819	25	8 760	03	50 778	15	414 610	63	2	01	6
										1	20	7	45			
20 798	86	31 393	81	3 010	19	706	39	12 915	63	63 142	56	386 439	78	2	03	7
												2	.			
12 951	15	6 620	11	3 161	94	194	84	4 419	78	49 605	58	188 534	18	1	72	8
												3	60			
2 989	32	1 509	83	1 742	42	585	88	3 278	38	17 477	07	94 254	96	1	35	9
4 520	91	6 176	62	2 480	63	474	54	3 120	33	12 451	01	79 546	33	3	16	10
12 871	74	4 707	07	1 077	53	636	08	6 912	62	38 134	44	158 495	29	1	76	11
.	40	10	40							35	60	128	.			
16 607	13	5 529	76	1 052	58	158	31	7 413	44	40 584	22	216 933	82	1	70	12
.	60									63	90	137	50			
8 311	07	6 668	39	2 585	46	1 228	49	964	20	13 477	74	117 985	91	2	05	13
530	03	1 074	88	364	27	289	24	521	73	6 600	20	34 897	53	1	57	14
2 110	22	6 772	25	4 029	89	3 582	67	2 080	53	15 582	96	96 626	97	1	32	15
				2	40					12	.	47	80			
20 327	76	28 077	58	1 798	71	530	48	8 106	93	30 362	42	211 022	65	3	17	16
38 431	65	11 240	01	3 405	50	849	44	2 232	97	33 911	40	177 110	22	1	99	17
2 862	20	3 578	80	283	79	65	96	1 410	51	5 111	32	51 425	83	1	42	18
6 305	39	3 020	42	2 012	06	183	97	705	66	7 329	22	80 006	11	2	11	19
3 328	89	8 369	42	698	04	297	46	391	51	5 686	84	52 373	82	1	90	20
6 140	02	4 713	92	2 079	97	861	23	2 314	23	12 851	05	¹) 128 046	02	1	25	21
7 329	82	7 911	34	4 722	44	374	28	704	37	11 026	60	127 385	68	1	69	22
3 277	24	2 036	15	524	54	2 455	25	170	01	2 285	72	38 179	68	2	19	23
3 146	12	234	15	996	20	93	93	170	01	2 603	24	22 902	27	1	40	24
3 001	08	3 591	23	2 092	73	774	48	558	26	12 095	68	63 080	85	1	82	25
888	84	672	84	242	26	308	93	712	72	5 109	46	32 242	19	1	43	26
18 861	12	10 850	51	2 535	83	3 644	58	3 618	82	48 273	17	320 319	52	1	55	27
												10	70			
4 286	79	2 505	32	548	91	829	96	271	40	12 605	52	81 089	20	1	57	28
										8	40	8	40			
2 297	21	1 579	96	397	94	238	54	606	08	5 277	89	57 376	33	1	95	29
5 949	59	3 346	61	1 085	87	420	57	48	70	7 726	34	54 703	71	3	24	30
3 245	58	1 847	41	982	79	152	.	374	88	3 400	69	42 833	33	3	12	31
										6	.	6	.			
10 179	57	2 577	61	763	93	2 066	19	1 366	11	16 095	11	¹) 122 457	98	1	92	32
										4	.	4	.			
1 973	90	4 493	61	2 083	31	2 860	41	1 889	68	15 487	50	109 889	41	3	37	33
309 259	03	291 286	18	77 729	61	35 305	68	133 332	87	791 431	22	5 165 101	29	²)1	97	
1	.	32	30	63	20	2	40			797	43	1 520	94			

¹) Gegen den Endabschluß 168,75 M. bezw. 67,04 M. weniger, die Vermessungsgelder sind. — ²) Einschl. Darrkosten.

44

Zu Tabelle

Laufende Nummer	Regierungsbezirk	Verausgabte Kulturgelder							Kapitel VIII		
		Kapitel IX		Kapitel X		Zusammen Kapitel IX und X		Größe der nutzbaren Fläche (Holzboden und nutzbarer Nichtholzboden)	für Unterhaltung alter		für Herstellung neuer	
		für Fischereizwecke		für Verbesserung von Forstgrundstücken					Holzabfuhrwege und Waldbahnen			
		Mark	Pf.	Mark	Pf.	Mark	Pf.	ha	Mark	Pf.	Mark	Pf.
		18.		19.		20.		21.	22.		23.	
1	Königsberg	.	.	61 995	10	61 995	10	103 388	49 965	94	58 571	74
2	Gumbinnen	45 902	40	89 032	55	134 934	95	151 659	96 802	92	63 515	25
3	Allenstein	12	.	65 782	70	65 794	70	191 225	22 449 *134*	89	8 820	28
4	Danzig	1 535	06	21 547	32	23 082	38	127 438	30 647 *88*	24	47 419 *50*	49
5	Marienwerder	699	47	61 750 *10*	90	62 450 *10*	37	244 746	35 331 *624*	90	25 822 *71*	79
6	Potsdam	9	67	33 702	73	33 712	40	215 115	87 387 *168*	53	337 282 *139*	85
7	Frankfurt a. O.	851	80	22 208	54	23 060	34	198 642	59 913 *21*	39	20 616 *10*	14
8	Stettin	.	.	20 018	54	20 018	54	116 458	39 741 *3*	67	9 439	16
9	Köslin	237	87	11 549	32	11 787	19	74 153	17 080 *45*	96	10 522	81
10	Stralsund	.	.	8 255	92	8 255	92	27 220	15 198 *13*	61	8 827 *20*	16
11	Posen	2 976	94	35 593	03	38 569	97	94 005	16 555	64	12 351	61
12	Bromberg	.	.	24 535 *6*	22 *40*	24 535 *6*	22 *40*	135 117	17 504 *408*	80 *20*	9 472	36
13	Breslau	.	.	12 158	36	12 158	36	61 419	36 619 *351*	01 *90*	25 752 *16*	70
14	Liegnitz	11	88	2 311	40	2 323	28	23 077	12 123 *113*	80	14 171 *5*	26 *20*
15	Oppeln	895	.	22 760	82	23 655	82	76 880	35 339	10	1 223	40
16	Magdeburg	8	60	8 837	87	8 846	47	67 879	33 217 *456*	45 *30*	30 081	26
17	Merseburg	.	.	12 063	97	12 063	97	77 357	40 150	77	6 964	74
18	Erfurt	.	.	627	53	627	53	36 911	51 495	49	47 091	95
19	Schleswig	.	.	205	17	205	17	44 264	24 240	80	9 647	91
20	Hannover	.	.	.	.	.	.	30 151	27 332	95	31 262	26
21	Hildesheim	175	43	4 418	82	4 594	25	104 006	183 292	53	120 498	62
22	Lüneburg	701	14	15 766	48	16 467	62	81 434	32 285	85	12 818	91
23	Stade	121	90	686	06	807	96	20 928	5 558	36	222	61
24	Osnabrück (mit Aurich)	.	.	467	70	467	70	15 793	7 693	14	2 221	13
25	Minden (mit Münster)	.	.	61	.	61	.	35 655	35 839	82	30 150	12
26	Arnsberg	283	84	1 327	89	1 611	73	23 133	19 627	89	15 637	01
27	Cassel	73	40	11 673	59	11 746	99	206 846	162 888	82	169 764	78
28	Wiesbaden	441	76	9 669	25	10 111	01	52 927	41 769 *17*	11	27 755	96
29	Coblenz	.	.	4 588	40	4 588	40	30 078	19 849 *3*	97	17 751 *20*	54
30	Düsseldorf	5	.	1 697	25	1 702	25	18 695	5 137 *1*	92 *30*	273	70
31	Cöln	.	.	1 660	01	1 660	01	14 475	6 775 *48*	44	695	90
32	Trier	24	75	2 442	20	2 466	95	65 370	61 191 *75*	59	55 315 *25*	07
33	Aachen	37	.	2 227	43	2 264	43	33 098	26 834 *163*	22 *25*	38 273	84
	Zusammen	55 004	91	571 623 *16*	07 *40*	626 627 *16*	98 *40*	2 799 542	1 357 294 *2 735*	52 *20*	1 270 236 *231*	31 *40*

58.

Verausgabte Kommunikationswegebaugelder									Für Holzabfuhr- und Kommunikationswege sind verausgabt				Durchschnittliches Tagelohn		Beihilfen zu Chausseen usw. außerhalb der Forsten (Kap. 2 Tit. 19)		Laufende Nummer
für Unterhaltung alter Wege		für Herstellung neuer Wege		für Brücken		Beihilfen an Gemeinden usw. und Insgemein		Zusammen (Spalte 24—27)		im ganzen		durchschnittlich für 1 ha nutzbarer Fläche		für Männer	für Frauen			
Mark	Pf.	Mark	Pf.	Mark	Pf.	Mark	Pf.	Mark	Pf.	Mark	Pf.	Mark	Pf.	Mark	Mark	Mark	Pf.
24.		25.		26.		27.		28.		29.		30.		31.	32.	33.		
89 945	48	17 463	11	3 158	75	32 210	81	142 778	15	251 315	83	2	43	1,96	1,12	40 000	.	1
3	.							3	.	3	.							
77 660	19	8 993	86	4 927	52	5 252	36	96 833	93	256 652	10	1	69	1,98	1,15	56 182	17	2
25	.							25	.	159	.							
36 399	72	12 790	59	1 393	78	3 972	70	54 556	79	85 826	96	.	45	1,78	1,00	27 449	09	3
56	50							56	50	145	.							
38 949	13	99 751	36	1 749	69	1 419	43	141 869	61	219 936	34	1	73	1,72	1,05	7 480	44	4
193	30							193	30	888	70							
67 055	63	20 544	74	9 518	52	72 284	37	169 403	26	230 557	95	.	94	1,75	1,08	10 424	55	5
307	45							307	45	615	25							
155 508	91	190 963	95	2 387	56	67 696	38	416 556	80	841 227	18	3	91	2,49	1,26	20 197	33	6
22	33							22	33	43	43							
104 824	52	38 779	83	2 286	22	37 769	90	183 660	47	264 190	.	1	33	2,10	1,16	12 995	19	7
25	.							25	.	28	.							
28 636	56	41 443	13	1 012	14	225	52	71 317	35	120 498	18	1	03	2,31	1,19	16 958	90	8
20	.							20	.	65	.							
18 919	44	2 954	04	1 610	51	240	74	23 724	73	51 278	50	.	69	1,83	1,13	22 840	50	9
1	.							1	.	14	20							
15 099	61	.	.	.	.	.	.	15 099	61	39 125	38	1	44	2,13	1,23	.	.	10
31 876	32	15 986	25	1 096	96	187	50	49 147	03	78 054	28	.	83	1,79	0,95	5 970	.	11
31	60							31	60	439	80							
56 901	96	5 443	14	507	64	531	95	63 384	69	90 361	85	.	67	1,79	1,12	.	.	12
111	35							111	35	479	25							
34 411	44	29 001	55	4 205	47	162	58	67 781	04	130 152	75	2	12	1,78	0,96	20 470	.	13
12	80							12	80	131	.							
17 098	50	.	.	782	92	59	85	17 941	27	44 236	33	1	92	1,92	1,03	210	.	14
39 308	76	11 650	.	4 496	60	257	75	55 713	11	92 275	61	1	20	1,75	0,93	10 080	84	15
138	.							138	.	594	30							
43 885	74	11 063	55	332	77	.	.	55 282	06	118 580	77	1	75	2,48	1,18	4 000	18	16
57 969	97	54 917	40	1 334	37	1 075	71	115 021	45	162 136	96	2	10	2,31	1,12	342	44	17
35 059	81	6 059	31	.	.	715	35	41 834	47	140 421	91	3	80	2,75	1,29	2 092	.	18
14 728	60	1 544	48	.	.	.	.	16 273	08	50 161	79	1	13	2,67	1,62	.	.	19
8 665	60	99	90	17	.	736	70	9 519	20	68 114	41	2	26	2,52	1,59	.	.	20
89 828	47	17 005	84	2 629	23	149	70	109 613	24	413 404	39	3	98	2,42	1,34	12 818	63	21
14 689	17	7 461	61	474	92	7 420	.	30 045	70	75 150	46	.	92	2,45	1,48	12 010	.	22
1 599	62	.	.	.	.	.	.	1 599	62	7 380	59	.	35	2,67	1,85	10 860	.	23
1 635	72	.	.	44	38	9 545	92	11 226	02	21 140	29	1	34	2,36	1,56	.	.	24
32 297	24	26 393	69	45	.	.	.	58 735	93	124 725	87	3	50	2,38	1,44	.	.	25
23 490	65	6 105	40	361	20	.	.	29 957	25	65 222	15	2	82	2,90	1,61	8 246	89	26
114 025	75	4 833	.	.	.	294	60	119 153	35	451 806	95	2	18	2,30	1,40	11 418	53	27
										17	.							
3 848	11	.	.	.	.	4 465	.	8 313	11	77 838	18	1	47	2,68	1,54	11 030	27	28
										3	20							
23 696	84	2 614	27	8	20	11	60	26 330	91	63 932	42	2	13	2,35	1,39	2 228	.	29
										1	30							
16 970	42	.	.	.	.	.	.	16 970	42	22 382	04	1	20	2,82	1,72	2 000	.	30
										48	.							
14 584	88	413	25	.	.	4 742	49	19 740	62	27 211	96	1	88	2,95	1,50	.	.	31
										75	25							
95 517	04	6 470	24	301	82	.	.	102 289	10	218 795	76	3	35	2,89	1,38	899	67	32
										163	25							
30 019	80	2 002	71	2 927	.	.	.	34 949	51	100 057	57	3	02	2,67	1,52	561	50	33
														1,72	0,93			
1 434 833	60	642 750	20	47 610	17	251 428	91	2 376 622	88	5 004 153	71	1	79	2,95	1,85	329 767	12	
947	33							947	33	3 913	93							

Tabelle

Nachweisung über die von der Staatsforstverwaltung beschäftigten Arbeiter, über die

Laufende Nummer	Regierungs-Bezirk	Überhaupt		Von der Staatsforstverwaltung beschäftigte										Von den Arbeitern Gesetzen vom zwangs- bei forstfiskalischen Betriebs-krankenkassen	
				Nachweisung der Arbeitslöhne											
				Für ein Tagewerk sind im Durchschnitt vergütet											
		Zahl	Ungefähre Gesamtzahl der Arbeitstage	im Tagelohn								im Stücklohn			
				im Sommer				im Winter				im Sommer	im Winter		
				Männer	Frauen	jugendliche Arbeiter	durchschnittl. tägliche Arbeitsdauer	Männer	Frauen	durchschnittl. tägl. Arbeitsdauer		Männer		Zahl	ungefähre Gesamtzahl der Arbeitstage
				M. Pf.	M. Pf.	M. Pf.	Stb.	M. Pf.	M. Pf	Stb.		M. Pf.	M. Pf.		
1.	2.	3.	4.	5.	6.	7.	8.	9.	10.	11.		12.	13.	14.	15.
1	Königsberg	8 146	507 852	2 04	1 15	1 .	10	1 62	1 .	7,8		2 70	1 74	.	.
2	Gumbinnen	7 737	528 091	2 07	1 20	. 92	10	1 68	. 96	7,6		2 68	1 93	.	.
3	Allenstein	9 881	702 945	1 80	1 01	. 84	10,1	1 50	. 86	7,6		2 34	2 08	2 387	216 923
4	Danzig	6 624	406 784	1 82	1 07	. 95	10	1 55	. 92	8		2 21	1 81	.	.
5	Marienwerder	14 286	768 270	1 78	1 11	. 91	10	1 52	. 94	8		2 24	1 80	.	.
6	Potsdam	12 201	639 881	2 57	1 26	. 95	9,6	2 26	1 14	8		3 20	2 67	1 029	76 668
7	Frankfurt a. O.	10 931	647 015	2 17	1 21	. 99	10	1 77	1 01	8		2 70	2 41	1 999	119 429
8	Stettin	4 919	305 487	2 38	1 21	1 02	10	1 98	1 06	8		2 94	2 60	.	.
9	Köslin	3 552	199 344	1 82	1 14	1 03	10	1 54	. 99	7,9		2 50	2 07	.	.
10	Stralsund	1 315	108 048	2 38	1 34	1 15	9,9	1 89	1 15	8,1		3 12	2 95	.	.
11	Posen	5 414	342 894	1 86	. 99	. 80	10	1 48	. 85	7,8		2 40	1 83	2 030	129 754
12	Bromberg	7 083	385 448	1 86	1 16	. 94	10	1 55	. 99	8		2 54	2 03	.	.
13	Breslau	6 439	409 291	1 80	. 96	. 78	10	1 51	. 79	8		2 20	1 79	.	.
14	Liegnitz	1 666	105 265	1 97	1 05	. 82	9,7	1 77	. 95	7,9		2 65	2 10	.	.
15	Oppeln	6 396	464 959	1 80	. 97	. 79	9,8	1 44	. 82	7,8		2 44	1 92	.	.
16	Magdeburg	2 716	208 287	2 55	1 22	. 97	10	2 16	1 05	8,5		2 96	2 61	.	.
17	Merseburg	4 750	315 277	2 35	1 14	1 05	9,8	2 08	1 .	8,1		2 95	2 53	1 479	168 470
18	Erfurt	2 466	210 171	2 75	1 29	1 10	10	2 49	1 12	8,3		3 39	3 24	495	102 744
19	Schleswig	1 980	139 927	2 75	1 67	1 39	9,8	2 41	1 44	8,1		3 20	2 90	39	4 306
20	Hannover	1 550	108 858	2 57	1 57	1 23	9,8	2 38	1 38	8,3		3 10	2 75	.	.
21	Hildesheim	3 997	539 032	2 49	1 35	1 17	9,8	2 32	1 21	8,6		3 17	2 91	.	.
22	Lüneburg	2 959	192 895	2 48	1 52	1 21	10	2 19	1 30	8,2		3 15	2 73	.	.
23	Stade	693	50 300	2 83	1 95	1 40	10	2 37	1 63	8		3 23	2 47	.	.
24	Osnabrück (mit Aurich)	703	45 608	2 34	1 58	1 58	9,8	2 01	1 43	8,2		2 58	2 26	.	.
25	Minden (mit Münster)	2 892	164 523	2 42	1 48	1 28	9,7	2 23	1 40	8,4		3 13	2 80	.	.
26	Arnsberg	839	72 663	2 95	1 69	1 57	9,4	2 80	1 55	8,2		3 65	3 35	.	.
27	Cassel	15 798	767 197	2 45	1 39	1 20	10	2 16	1 24	8,3		3 09	2 55	337	18 504
28	Wiesbaden	6 406	215 993	2 70	1 53	1 53	9,9	2 50	1 44	8,3		3 36	2 68	.	.
29	Coblenz	3 168	142 636	2 40	1 40	1 25	10	2 21	1 28	8		2 99	2 67	.	.
30	Düsseldorf	1 002	60 688	2 65	1 72	1 48	9,7	2 49	1 40	8,3		3 43	3 07	.	.
31	Cöln	840	46 006	3 03	1 58	1 34	9,5	2 80	1 50	8,1		3 43	3 50	.	.
32	Trier	3 570	375 310	2 82	1 40	1 43	10	2 60	1 18	8,5		3 56	3 05	3 406	378 133
33	Aachen	1 877	135 122	2 77	1 57	1 31	10,2	2 38	1 37	8		3 30	2 82	.	.
	Summe	164 796	10 312 067	1 78 / 3 03	. 96 / 1 95	. 78 / 1 58	9,9	1 44 / 2 80	. 79 / 1 63	8,1		2 20 / 3 65	1 74 / 3 50	13 201	1 214 931

59.

Löhne usw., sowie über die Erkrankungen und Betriebsunfälle im Etatsjahre 1907.

Arbeiter sind gegen Krankheit versichert nach den 15. Juni 1883 und 10. April 1892				Erkrankt sind von den Arbeitern der Spalte			Betriebsunfälle							Freiwillige Unterstützungen von Waldarbeitern und deren Hinterbliebenen		Außerdem sind aus dem Gnadenpensionsfonds gezahlt	
weise									Kosten des Heilverfahrens während der ersten 13 Wochen, soweit sie den forstfiskalischen Gutsbezirken zur Last fallen		Sonstige Aufwendungen des Forstfiskus als Betriebsunternehmer		Mithin Gesamtaufwendungen					
bei Ortskrankenkassen oder der Gemeinde-Krankenversicherung		freiwillig		14	16	18	Gesamtzahl der Unfälle	Tötungen bei Betriebsunfällen									
Zahl	ungefähre Gesamtzahl der Arbeitstage	Zahl	ungefähre Gesamtzahl der Arbeitstage						M.	Pf.	M.	Pf.	M.	Pf.	M.	Pf.	M.	Pf.
16.	17.	18.	19.	20.	21.	22.	23.	24.	25.		26.		27.		28.		29.	
22	663	168	7 736	.	1	10	101	3	523	33	16 536	66	17 059	99	2 375	.	216	.
891	92 645	100	16 870	.	84	9	110	4	2 063	12	20 422	73	22 485	85	2 376	67	336	.
.	.	5	642	328	.	1	104	5	1 230	45	21 464	47	22 694	92	4 850	.	699	.
.	.	1	91	.	.	.	60	.	1 928	75	14 703	56	16 632	31	2 400	.	112	50
3 993	189 280	592	53 536	.	247	78	87	3	1 680	08	24 951	65	26 631	73	5 100	.	721	80
4 293	255 828	1 554	107 022	88	231	66	106	1	545	85	33 779	39	34 325	24	2 742	50	798	.
1 685	148 183	734	59 709	139	120	65	56	1	1 685	10	18 751	21	20 436	31	2 377	.	174	.
2 557	195 939	124	9 344	.	250	7	74	2	135	40	17 462	09	17 597	49	2 000	.	120	.
.	.	330	44 181	.	.	71	24	.	390	74	7 270	78	7 661	52	1 200	.	504	.
833	89 015	74	9 232	.	75	8	22	.	.	.	.	.	.	.	421	.	.	.
35	1 841	34	2 778	177	.	.	52	2	1 789	75	9 730	63	11 520	38	1 800	.	.	.
18	821	39	2 928	.	.	8	30	.	802	60	7 875	04	8 677	64	2 000	.	.	.
650	50 017	356	44 299	.	59	21	89	5	1 529	60	18 294	99	19 824	59	1 866	.	108	.
471	57 380	180	23 315	.	79	28	22	.	68	30	4 470	38	4 538	68	500	.	.	.
2 795	260 621	201	23 015	.	375	33	61	2	475	40	12 621	59	13 096	99	1 519	.	195	.
1 673	178 162	.	.	.	208	.	23	1	.	.	12 209	44	12 209	44	700	.	.	.
1 515	119 508	278	11 535	242	97	4	55	.	.	.	9 977	96	9 977	96	1 675	.	132	.
838	74 818	.	.	154	106	.	77	.	.	.	8 020	74	8 020	74	1 100	.	.	.
818	69 175	306	26 008	3	26	19	27	2	192	25	10 801	92	10 994	17	800	.	184	.
648	62 256	195	13 971	.	52	22	27	1	129	90	10 543	77	10 673	67	695	.	.	.
1 920	238 643	1 130	269 799	.	233	298	143	2	.	.	21 481	85	21 481	85	3 727	.	609	.
497	53 952	485	50 647	.	30	65	45	1	109	25	10 531	97	10 641	22	1 572	42	.	.
33	2 100	.	.	.	.	.	4	.	.	.	2 824	16	2 824	16	400	.	.	.
171	10 198	48	6 706	.	9	1	11	.	.	.	2 947	74	2 947	74	300	.	.	.
1 190	111 144	320	13 471	.	125	16	38	1	.	.	9 446	14	9 446	14	735	.	.	.
349	32 035	268	23 646	.	31	19	19	.	.	.	7 210	82	7 210	82	500	.	.	.
8 296	454 874	706	36 755	45	707	51	186	1	2 042	65	42 188	70	44 231	35	3 294	.	383	.
1 663	78 498	898	42 158	.	133	32	60	.	.	.	13 987	70	13 987	70	1 005	.	.	.
825	41 299	259	19 302	.	68	22	47	1	.	.	9 124	84	9 124	84	800	.	.	.
156	13 202	309	22 056	.	8	7	14	.	.	.	5 055	26	5 055	26	470	.	.	.
282	17 348	128	12 687	.	19	1	11	.	.	.	3 027	21	3 027	21	300	.	.	.
.	.	31	1 645	720	.	8	74	.	13 179	21	.	.	13 179	21	1 600	.	.	.
.	.	217	23 929	.	.	13	10	.	.	.	4 147	60	4 147	60	700	.	.	.
39 167	2 899 445	10 070	979 013	1 896	3 373	983	1 869	38	30 501	73	411 862	99	442 364	72	53 900	59	5 292	30

Tabelle

Nachweisung über die aus dem Forstbaufonds zu unterhaltenden

Laufende Nummer	Regierungsbezirk	Etatsmäßige Dienststellen für		Anzahl der Diensthöfte oder Dienstwohnungen für							Dienstwohnungen für Forstkassen-Rendanten	Waldarbeiter-Wohnungen			Waldarbeiter-Herbergen
		Oberförster	Revierförster, Hegemeister, Förster, 1 Dünenaufseher	Oberförster	Revierförster, Hegemeister, Förster	Waldwärter	Förster o. K., Forstaufseher	Verwalter	Meister	Wärter		Anzahl der Wohnhäuser	Anzahl der vorhandenen Wohnungen	Anzahl der zugehörigen Wirtschaftsgebäude	
									bei den Nebenbetriebsanstalten						
1.	2.	3.	4.	5.	6.	7.	8.	9.	10.	11.	12.	13.	14.	15.	16.
1	Königsberg	24	¹)144	24	²)142	2	10	.	2	.	.	28	67	23	3
2	Gumbinnen	28	157	28	157	4	30	.	2	.	.	49	144	49	.
3	Allenstein	35	200	33	198	.	29	.	.	.	.	48	104	76	1
4	Danzig	23	146	23	145	2	29	.	.	.	.	65	119	67	4
5	Marienwerder	48	279	47	275	5	43	.	3	.	.	131	306	169	.
6	Potsdam	45	243	44	241	1	48	.	1	.	.	37	83	46	.
7	Frankfurt a. O.	40	229	39	222	.	25	.	.	.	.	46	101	66	.
8	Stettin	26	133	26	133	1	18	1	2	.	.	20	43	22	1
9	Köslin	15	91	15	88	1	7	.	.	2	1	56	108	57	.
10	Stralsund	6	50	6	47	.	9	.	.	.	.	28	65	29	1
11	Posen	18	116	18	116	.	38	.	.	.	.	77	157	101	2
12	Bromberg	24	137	21	137	1	26	.	2	1	.	40	85	47	.
13	Breslau	16	108	13	108	.	11	.	.	.	.	8	16	13	6
14	Liegnitz	5	41	5	38	.	2	.	.	.	.	3	6	2	.
15	Oppeln	18	107	15	107	.	33	.	2	.	.	13	25	13	.
16	Magdeburg	19	102	17	101	.	15	.	.	.	.	3	4	.	.
17	Merseburg	22	126	22	123	1	10	.	2	.	2	4	7	6	.
18	Erfurt	14	75	12	72	.	2	.	.	.	.	.	.	.	.
19	Schleswig	15	60	13	58	13	11	.	.	.	.	41	50	28	.
20	Hannover	28	99	³)15	³)60	.	6	.	.	.	.	15	16	8	6
	(davon klösterlich)	12	36)												
21	Hildesheim	42	189	42	179	.	10	.	.	.	.	26	52	31	48
22	Lüneburg	23	106	21	104	4	11	.	.	.	.	51	110	44	6
23	Stade	7	29	7	29	2	1	.	.	.	.	8	15	.	2
24	Osnabrück (mit Aurich)	5	25	5	25	2	.	.	.	.	.	4	5	3	.
25	Minden (mit Münster)	12	74	10	69	.	5	.	.	.	.	.	2	.	1
26	Arnsberg	9	43	8	⁴)42	.	3	.	.	.	.	.	.	.	.
27	Cassel	88	408	83	391	3	14	.	1	.	1	4	7	3	.
28	Wiesbaden	58	106	55	⁵)98	4	1	.	.	.	.	.	.	.	1
29	Coblenz	12	79	11	70	.	2	.	.	.	.	.	.	.	.
30	Düsseldorf	5	41	4	40	.	3	.	.	.	.	1	1	1	1
31	Cöln	4	26	3	25	.	2	.	.	.	.	1	1	2	1
32	Trier	18	116	17	109	.	6	.	.	.	.	3	3	1	36
33	Aachen	10	56	9	50	.	.	.	.	.	.	.	.	.	6
34	Sigmaringen	4	.	1	.	.	.	.	.	.	.	.	.	.	.
	Zusammen	766	¹)3 941	712	3 799	46	460	1	17	3	4	810	1 702	907	126

¹) Einschl. 1 Dünenaufseher und 2er für eine Privatforst angestellter Förster. Gegen den Etat ergeben sich 2 Försterstellen weniger, da 1 neue Stelle erst am 1. Oktober 1908 eingerichtet und 1 Stelle zum 1. Juli 1908 aufgelöst ist.

49

60.

Gebäude nach dem Stande vom 30. September 1908.

Mühlen		Samendarren	Gasthäuser	Armenhäuser	Anzahl der sonstigen vermieteten oder mit Pachtgrundstücken verbundenen		Feuerwachttürme	Ruinen- und Aussichtstürme	Außerhalb der Forstgehöfte gelegene Gebäude zur Unterbringung von Kulturgeräten, Wildheu usw.	Sonstige Gebäude	Es sind ohne Dienstgehöfte		Gebäude, zu deren Ausführungen Darlehne oder Bauprämien aus Fonds der landwirtschaftlichen Verwaltung gewährt worden sind.	Bemerkungen.
vom Staate verwaltete	verpachtete				Wohnungen	zugehörigen Wirtschaftsgebäude					Oberförster	Förster usw.		
17.	18.	19.	20.	21.	22.	23.	24.	25.	26.	27.	28.	29.	30.	31.
.	.	3	.	1	7	4	.	.	6	.	.	.	.	¹) Einschl. 1 Dünenaufseher und 2er für eine Privatforst angestellter Förster.
.	.	.	2	.	1	.	5	.	14	1	.	.	152	
.	5	3	3	1	30	30	6	.	12	3	2	2	.	²) Ausschl. der Wohnungen für diese beiden Förster.
.	6	2	2	3	40	39	7	1	1	8	.	1	15	
.	3	7	1	3	13	48	18	.	37	13	1	4	35	
1	.	8	3	.	10	8	3	1	9	16	1	2	.	
1	.	3	1	1	11	13	2	1	12	.	1	7	.	
.	3	5	.	1	18	13	.	.	3	4	.	.	.	
.	3	1	1	.	20	33	.	.	3	.	.	3	.	
.	.	.	2	.	2	3	.	.	5	5	.	3	.	
.	.	1	1	3	15	25	11	.	11	4	.	.	1	
.	3	2	1	2	8	5	22	.	5	3	3	.	39	
.	.	3	3	.	.	.	.	3	8	1	3	.	.	
.	.	.	1	.	.	.	7	1	1	3	.	3	.	
.	.	3	.	.	.	.	.	.	3	2	3	.	.	
.	.	3	2	.	.	.	2	2	2	1	2	1	.	
.	.	3	2	.	1	4	2	2	9	7	.	3	.	
.	.	.	3	.	.	.	.	1	2	.	2	3	.	
.	.	.	.	.	3	7	2	.	1	.	2	2	.	
.	.	.	.	.	3	1	.	1	.	1	1 (5)	3 2)	.	³) Außerdem: 7 Oberförster-, 34 Förster-, 7 Waldwärter-, 2 Forstaufseher- gehöfte aus Fonds der Klosterkammer.
.	6	1	3	.	2	2	.	11	68	4	.	10	.	
.	.	.	.	.	2	.	4	.	8	15	2	2	.	
.	.	.	.	.	3	.	.	.	1	.	.	.	10	
.	.	1	.	.	1	2	.	.	.	.	.	.	1	
.	.	.	.	.	3	1	.	1	4	.	2	5	.	
.	.	.	.	.	7	5	.	.	.	4	1	.	.	⁴) Außerdem 1 Förstergehöft aus Fonds der Marken-Interessenten.
.	1	1	.	.	1	.	.	13	36	11	5	17	.	
.	.	.	.	.	1	1	.	1	11	1	3	7	.	⁵) Außerdem 1 Förstergehöft aus Zentral-Studienfonds.
.	.	.	.	.	.	.	.	.	.	1	1	9	.	
.	.	.	.	.	.	.	.	.	2	.	1	1	5	
.	.	.	.	.	8	6	.	1	2	.	1	1	.	
.	.	.	1	.	.	.	.	1	5	83	.	7	.	
.	.	.	.	.	3	3	4	2	.	.	1	6	.	
.	.	.	.	.	.	.	.	.	.	.	3	.	.	
2	30	50	32	15	213	253	96	47	353	114	42 (5) 7	102 2 38	258 klösterlich). aus Spalte 33.	

G

If you have any concerns about our products,
you can contact us on
ProductSafety@springernature.com

In case Publisher is established outside the EU,
the EU authorized representative is:
Springer Nature Customer Service Center GmbH
Europaplatz 3, 69115 Heidelberg, Germany

Printed by Libri Plureos GmbH
in Hamburg, Germany